普通高等教育

**软件工程** "十三五" 规划教材

13th Five-Year Plan Textbooks
of Software Engineering

# Web前端开发技术
# 实践指导教程
## （第2版）

聂常红 ◎ 主编

刘思远 唐远星 唐远强 张志威 王宏渊 ◎ 副主编

*Practise of Web Front-end*
*Development Technology*

人 民 邮 电 出 版 社
北 京

**图书在版编目（ＣＩＰ）数据**

Web前端开发技术实践指导教程 / 聂常红主编. -- 2
版. -- 北京：人民邮电出版社，2020.10（2024.7重印）
普通高等教育软件工程"十三五"规划教材
ISBN 978-7-115-53959-5

Ⅰ. ①W… Ⅱ. ①聂… Ⅲ. ①网页制作工具—高等学
校—教材 Ⅳ. ①TP393.092.2

中国版本图书馆CIP数据核字(2020)第077749号

## 内 容 提 要

本书共 13 个实训，涉及 HTML、CSS 和 JavaScript 的基础及核心知识点，以及经典网页布局版式和创建企业级网站的流程。其中 HTML 方面主要涉及\<div\>、\<span\>、\<p\>、\<a\>、\<img\>、无序列表、表格、表单、标题字及 HTML5 文档等标签的使用。CSS 方面主要涉及盒子模型、盒子圆角、背景颜色、前景颜色、文本及盒子的水平居中、盒子内容的垂直居中、列表前导符的取消、元素类型的修改、字体、表格边框的合并、盒子内容的溢出、块级元素的显示和隐藏、鼠标指针形状等样式的设置及浮动、定位排版和 CSS 应用到 HTML 页面的 3 种方式等内容。JavaScript 方面主要涉及函数定义和调用，循环及分支语句，数组的创建和使用，Date 对象的创建和使用，元素索引属性的定义，定时器的创建和清除，使用 innerHTML 属性修改元素内容，事件处理，this 关键字的使用，使用正则表达式校验表单数据有效性，使用 DOM 技术获取元素及元素的父子节点，动态创建、附加、删除元素，动态设置元素的各种样式，以及将 JavaScript 代码嵌入 HTML 文档的几种方式等内容。

本书可作为普通高等院校及培训学校计算机及相关专业前端开发课程的实训教材。

◆ 主　　编　聂常红

副 主 编　刘思远　唐远星　唐远强　张志威　王宏渊

责任编辑　许金霞

责任印制　王　郁　陈　犇

◆ 人民邮电出版社出版发行　　北京市丰台区成寿寺路 11 号

邮编　100164　电子邮件　315@ptpress.com.cn

网址　https://www.ptpress.com.cn

北京天宇星印刷厂印刷

◆ 开本：787×1092　1/16

印张：13.25　　　　　　　　2020 年 10 月第 2 版

字数：341 千字　　　　　　　2024 年 7 月北京第 4 次印刷

定价：45.00 元

读者服务热线：(010)81055256　印装质量热线：(010)81055316
反盗版热线：(010)81055315
广告经营许可证：京东市监广登字 20170147 号

# 前　言

随着互联网的发展，网页内容从最初展示文字和图片内容，发展到如今美观的界面、炫酷的交互。Web 前端开发人员必须按照 Web 标准来创建网页并设计交互，以实现网页信息的全面展示及良好的用户体验。Web 标准规定一个网页主要由结构、表现和行为三个部分组成。HTML 用于构建网页的基本结构，通过相应的 HTML 标签对页面信息进行组织和分类；CSS 用于设计网页的表现效果，通过编写样式代码，实现对网页中的各个元素的表现进行设置；JavaScript 用于实现网页的交互行为，通过 DOM 技术和 ECMAScript 对网页信息的结构和显示进行逻辑控制，实现网页的智能交互。

在构建网页的基本结构时，常用的标签不外乎有：<div>、<span>、<p>、<a>、<img>、无序列表、表格、表单、标题字及 HTML5 文档等标签。在编写样式代码设置网页元素表现时，需要正确使用选择器对元素进行选择，同时还需要正确使用相应的 CSS 属性设置元素的表现。常用的选择器有元素选择器、ID 选择器、类选择器、伪类选择器、伪元素选择器、交集选择器、并集选择器、后代选择器、子元素选择器、相邻兄弟选择器及属性选择器等。常用的 CSS 属性则有字体属性、文本属性、背景属性、盒子模型相关属性（即盒子边框、内外边距及内容属性）、列表属性、表格属性、定位属性、浮动设置及清除属性、内容溢出属性、盒子显示属性。在实现网页的动态交互效果时，需要使用 JavaScript 的 DOM 技术、函数、内置对象、定时器、流程控制语句、数组、innerHTML 属性、this 关键字、事件处理等知识。为了将网页样式设计代码和 JavaScript 代码实现的交互效果应用到网页的相应元素中，还需要将这些代码正确地嵌入到 HTML 页面中。

此外，要创建一个符合用户需求的企业级网站，读者必须熟练掌握并灵活运用 HTML、CSS 和 JavaScript 的基础及核心知识。为了给读者提供充分的练习以掌握网站建设的相关知识，我们特地设计了 13 个实训。这些实训涉及了 HTML、CSS 和 JavaScript 的基础及核心知识点、经典网页布局版式和创建企业级网站的流程等内容。

本书将 HTML、CSS 和 JavaScript 的基础及核心知识点有机地融入各个实训中，并且在不同的实训中被反复应用，不断地强化读者对这些知识点的理解与应用，确保读者在实训结束后能够熟练掌握并灵活运用 HTML、CSS 和 JavaScript 解决实际问题。

本书由聂常红担任主编，刘思远、唐远星、唐远强、张志威、王宏渊担任副主编。具体分工为：聂常红负责拟定全书大纲以及统稿，并编写了实训 1、实训 3～实训 6、实训 8～实训 10、实训 12、实训 13。刘思远编写了实训 11，唐远星编写了实训 2，唐远强编写了实训 7，张志威提供了实训 3 的代码，王宏渊提供了实训 6 的代码。另外，本书的实训 1～实训 7 由周玉芬负责校对，实训 8～实训 13 由周小明负责校对。

限于作者水平，书中难免会有疏漏和不妥之处或读者不认同之处，敬请专家和读者批评指正，作者邮箱：cred_n@163.com。

作　者
2020 年 3 月

# 目 录

# 实训 1
# 使用列表和 CSS 实现图文横排

## 1.1　实验目的

◇ 掌握列表的创建以及在网页中插入图片。
◇ 掌握元素类型的修改、列表默认前导符的取消。
◇ 掌握盒子模型中的内、外边距以及内容大小的设置。
◇ 掌握网页内容在浏览器中的水平居中设置以及文字在盒子中的水平居中设置。
◇ 掌握字体、字号、背景颜色等样式的设置。
◇ 掌握 CSS 在 HTML 页面中的内嵌式应用和链接式应用。

## 1.2　实验环境

◇ 开发工具：Dreamweaver、WebStorm 等工具。
◇ 运行环境：Google Chrome 浏览器。

## 1.3　实验内容

使用列表、图片等标签以及相关的 CSS 样式实现图 1-1 所示的图片横排效果。

图 1-1　实验结果

要求：

（1）图片和文字在浏览器窗口中水平居中。

（2）各个图片的宽度和高度分别为 192px 和 120px。

（3）各个元素的外观表现必须使用 CSS 来设置。

# 1.4　相关知识点介绍

本实验主要涉及：列表的创建，&lt;div&gt;标签的使用，在网页中插入图片，CSS 样式定义，盒子模型的内外边距及内容大小设置，文本在盒子中水平居中显示的设置，网页内容在浏览器窗口水平居中显示的设置，列表项前导符的取消，HTML 元素类型及类型的修改，背景颜色设置等知识点。

## 1. 列表的创建

常用的列表类型主要有有序列表、无序列表、定义列表和嵌套列表。

有序列表指的是以可表示顺序的阿拉伯数字或罗马数字或字符作为列表前导符号进行列表项排列的列表。可使用&lt;ol&gt;和 &lt;li&gt;两个标签创建有序列表。基本创建语法如下：

```
<ol>
    <li>列表项一</li>
    <li>列表项二</li>
    …
<ol>
```

无序列表指的是以无次序含义的符号（●、○、■等）为列表前导符号来排列列表项的列表。使用&lt;ul&gt;和 &lt;li&gt;两个标签来创建无序列表。基本创建语法如下：

```
<ul>
    <li>列表项一</li>
    <li>列表项二</li>
    …
<ul>
```

定义列表用于对名词进行解释，是一种具有两个层次的列表，其中名词为第一层次，解释为第二层次。定义列表的列表项前没有任何前导符号，解释相对于名词有一定位置的缩进。使用&lt;dl&gt;、&lt;dt&gt;及&lt;dd&gt;三个标签来创建定义列表。基本创建语法如下：

```
<dl>
   <dt>名词一</dt>
        <dd>解释 1</dd>
        <dd>解释 2</dd>
        …
   <dt>名词二 </dt>
        <dd>解释 1</dd>
        …
   …
</dl>
```

嵌套列表是指在一个列表项的定义中嵌套了另一个列表的定义。

### 2. &lt;div&gt;标签的使用

&lt;div&gt;标签是一个很常用的标签，主要作为一个容器标签来使用。&lt;div&gt;标签属于一个块级元素，每个&lt;div&gt;标签独占一行，其宽度将自动填满父元素宽度，并和相邻的块级元素依次垂直排列。使用&lt;div&gt;标签可以设置 div 元素的宽度、高度以及 4 个方向的内、外边距。

### 3. 在网页中插入图片

在网页中插入图片需要使用&lt;img&gt;标签，设置基本语法如下：

```
<img src="图片路径">
```

使用&lt;img&gt;标签插入的图片为原始图片，需要修改图片的大小时，通过 CSS 的 width 和 height 属性进行样式设置。插入图片的示例如下：

```
<img src="images/pic.png">
```

上面的代码是将站点目录中 images 目录下的 pic.png 插入到网页中。

### 4. CSS 样式定义

层叠样式表或级联样式表（Cascading Style Sheet，CSS），是一种格式化网页的标准方式，用于控制网页的样式，并允许样式信息与网页内容分离。CSS 对网页的样式设置是通过一条条 CSS 规则来实现的，每条 CSS 规则包括两个组成部分：选择器和一条或多条属性声明。CSS 样式定义基本格式如下：

```
选择器{
    属性1：属性值1；
    属性2：属性值2；
    ...
}
```

选择器用于选择对哪些网页元素进行样式设置。常用的基本选择器包括元素选择器、类选择器、ID 选择器和伪类选择器。常用的复合选择器包括交集选择器、并集选择器、后代选择器、子元素选择器、相邻兄弟选择器和属性选择器。可作为选择器的有：HTML 标签名（即元素名）、元素的类名及元素的 ID 名。选择器根据组成结构可分为基本选择器和复合选择器。

元素选择器，就是选择器名为 HTML 标签名。例如：

```
body{text-align:center;}
```

类选择器，就是选择器名为.+HTML 标签的 class 属性值。例如：

```
<div class="box"></div>
.box{width:100px;}
```

ID 选择器，就是选择器名为#+HTML 标签的 id 属性值。例如：

```
<div id="box"></div>
#box{width:100px;}
```

伪类是指逻辑上存在但文档树中并不存在的"幽灵"分类，通常是给元素某些特定状态添加样式的。使用伪类作为选择器的格式为："选择器:伪类"。例如：a:active，a:hover 等。

交集选择器由两个选择器直接连接构成，其中第一个选择器必须是元素选择器，第二个选择器必须是类选择器或者 ID 选择器。交集选择器的组成格式为："元素选择器.类选择器 | #ID 选择器"。例如：div.txt、div#txtID。

并集选择器也叫分组选择器或群组选择器，由两个或两个以上的任意选择器组成，不同选择器之间用“，”隔开，用于对多个选择器进行“集体声明”。并集选择器的组成格式为：“选择器1,选择器2,选择器3,…”。例如：

```
span,.p1,#d1{
    background:#CCC;
}
```

后代选择器，又称包含选择器，用于选择指定元素的后代元素。组成格式为：“选择器 1 选择器 2 选择器 3…”。例如：

```
<div id="box1">
  <p class="p1">段落一</p>
  <p class="p2">段落二</p>
</div>
div .p1 { /*后代选择器，只选择了第一个 p 元素*/
    background: #CCC;
}
#box1 p { /*后代选择器，选择了两个 p 元素*/
    background: #CCC;
}
```

子元素选择器用于选择某个元素的所有子元素。格式为：“选择器 1>选择器 2”。例如：

```
<h1>这是非常非常<span>重要</span>且<span>关键</span>的一步。</h1>
<h1>这是真的非常<em><span>重要</span>且<span>关键</span></em>的一步。</h1>
h1>span {/*只选择了第一个一级标题字中的“重要”和“关键”*/
    color: red;
}
```

相邻兄弟选择器用于选择元素的紧邻元素，并且元素和紧邻元素有相同的父元素。格式为：“选择器 1+选择器 2”。例如：

```
<h1>这是一个一级标题</h1>
<p>这是段落 1。</p>
<p>这是段落 2。</p>

h1+p {/*只将上面段落 1 设置为红色*/
    color: red;
}
```

属性选择器用于根据元素的属性及属性值来选择元素。格式为：“属性选择器 1 属性选择器 2…或元素选择器属性选择器 1 属性选择器 2…”。例如：

```
[title] {/*选择具有 title 属性的元素*/
    color: #F6F;
}
a[href][title]{/*选择同时具有 href 和 title 属性的 a 元素*/
    font-size: 36px;
}
p[align="center"]{/*选择 align 属性等于 center 的 p 元素*/
    color: red;
}
```

### 5. 盒子模型

盒子模型是网页设计中进行 CSS 样式设置所使用的一种思维模型。在盒子模型中，页面上的每个元素都被浏览器看成一个盒子。如 html、body、div 等元素都是盒子，其中 div 元素是布局网页时最常用的一个盒子，而 body 则是作为浏览器可视窗口的盒子。在进行 CSS 样式设置时，对盒子的样式设置主要涉及盒子的内外边距及盒子边框和盒子内容大小等样式的设置。

（1）盒子内边距的设置。

盒子内边距可以使用的 CSS 属性有：padding、padding-top、padding-left、padding-right 和 padding-bottom。其中，第一个属性是一个简写属性，可以同时设置盒子上、下、左、右 4 个方向的内边距，而后面 4 个属性则专门设置针对特定方向的内边距。设置语法如下：

```
padding: padding_value [padding_value] [padding_value] [padding_value];
padding-方向: padding_value;
```

"padding_value" 值用于设置内边距。使用简写属性可以指定 1～4 个属性值，各个属性值之间使用空格进行分隔。当简写属性取 1 个值时，表示盒子四个方向的内边距是一样的；取 2 个值时，第一个值设置盒子上、下内边距，第二个值设置盒子左、右内边距；取 3 个值时，第一个值设置盒子上内边距，第二个值设置盒子左、右内边距，第三个值设置盒子下内边距；取 4 个值时，各个值按顺时针方向依次设置盒子上、右、下、左内边距。例如：

```
/*上内边距为7px；右内边距为6px；下内边距为8px；左内边距为9px*/
padding: 7px 6px 8px 9px;
padding-right: 10px;/*设置右内边距10px*/
```

（2）盒子外边距的设置。

盒子外边距可以使用的 CSS 属性有：margin、margin-top、margin-left、margin-right 和 margin-bottom。其中，第一个属性是一个简写属性，可以同时设置盒子上、下、左、右 4 个方向的内边距，而后面 4 个属性则专门用于设置针对特定方向的内边距。设置语法如下：

```
margin: margin_value [margin_value] [margin_value] [margin_value];
margin-方向: margin_value;
```

"margin_value" 值用于设置内边距。使用简写属性可以指定 1～4 个属性值，各个属性值之间使用空格进行分隔。当简写属性取 1 个值时，表示盒子 4 个方向的外边距是一样的；取 2 个值时，第一个值设置盒子上、下外边距，第二个值设置盒子左、右外边距；取 3 个值时，第一个值设置盒子上外边距，第二个值设置盒子左、右外边距，第三个值设置盒子下外边距；取 4 个值时，各个值按顺时针方向依次设置盒子上、右、下、左外边距。例如：

```
/*上外边距为7px；右外边距为6px；下外边距为8px；左外边距为9px*/
margin: 7px 6px 8px 9px;
margin-top: 20px;/*设置上外边距为20px*/
```

（3）盒子边框样式的设置。

边框的样式涉及颜色（color）、宽度（width）和风格（style）3 个方面的内容。设置边框样式可使用的 CSS 属性有：border、border-top、border-left、border-right 和 border-bottom。其中，第一个属性是一个简写属性，可以同时设置盒子上、下、左、右 4 个方向的边框颜色、宽度和风格 3

个方面的样式，而后面 4 个属性则专门设置针对特定方向的边框颜色、宽度和风格 3 个方面的样式。设置语法如下：

```
border: border-width border-style border-color;
border-方向: border-width border-style border-color;
```

上述语法中的 border-width、border-style 和 border-color 3 个参数之间使用空格分隔，分别表示边框宽度、边框风格和边框颜色 3 个属性的值。在实际应用中，这 3 个参数的位置可任意，但一般会写成上述顺序。需要注意的是，用于设置边框风格的 "border-style" 的参数，可取：none、dotted、dashed、solid 等值。同时设置边框 3 个方面样式的示例如下：

```
border:1px solid red;/*设置四个方向的边框为 1px 的红色实线*/
border-left:3px dotted #0f0;/*设置左边框为 3px 的蓝色点线*/
```

上述语法针对边框的颜色、宽度和风格 3 个方面的样式同时进行设置，如果只需设置边框某方面的样式，则可以使用对应的该方面样式的属性来进行设置。例如，如果只设置边框的颜色，则可以使用 border-color、border-color-top、border-color-left、border-color-right 和 border-color-bottom 这几个 CSS 属性来专门设置边框颜色，设置语法如下：

```
border-color: color_value [color_value] [color_value] [color_value];
border-color-方向: color_value;
```

如果只设置边框风格，则可以使用 border-style、border-style-top、border-style-left、border-style-right 和 border-style-bottom 这几个 CSS 属性来专门设置边框风格，设置语法如下：

```
border-style: style_value [style_value] [style_value] [style_value];
boder_style-方向: style_value;
```

如果只设置边框宽度，则可以使用 border-width、border-width-top、border-width-left、border-width-right 和 border-width-bottom 这几个 CSS 属性来专门设置边框宽度，设置语法如下：

```
border-width: width_value [width_value] [width_value] [width_value];
boder_width-方向: width_value;
```

border-color、border-style 和 border-width 这三个属性都是简写属性，它们也分别可以取 1～4 个值，不同取值的设置情况和 padding 类似，在此不再赘述。

（4）盒子内容大小的设置。

盒子内容指的是由盒子边框所包含的除去内边距之外的部分。盒子内容大小由 width 和 height 两个 CSS 属性设置。盒子的占位大小等于：内容+内边距+外边距+边框，所以盒子的大小会随内容大小的改变而改变。

盒子样式设置示例如下：

```
div{
    margin: 20px;/*div 盒子 4 个方向的外边距为 20px*/
    padding: 10px 5px;/*div 盒子上、下内边距为 10px，左、右内边距为 5px*/
    width: 300px;/*div 盒子内容宽度为 300px*/
    height: 200px;/*div 盒子内容的高度为 200px*/
    border: 3px dashed blue;/*div 盒子 4 个方向的边框为 3px 的蓝色虚线*/
}
```

### 6. 文本在盒子中水平居中显示的设置

在盒子里水平居中显示，是通过设置该盒子 text-align 属性值为 center 来实现的。需要注意的是，盒子 text-align 的样式设置对块级子元素来说具有继承性，即祖先元素的文本水平对齐方式默认被块级子元素直接继承。所以在实际应用中，如果有多个不同类型的盒子中的文本都要相对各自的盒子水平居中，此时为了简化样式的设置，通常会针对这些盒子的父元素进行统一的设置。例如：body 元素是可视窗口中所有元素的祖先元素，假设 body 元素中包含了 div 和 li 两类元素，现要求 div 和 li 两类元素中的文本需要分别在 div 和 li 中水平居中，此时可以分别对 div 和 li 进行text-align 样式的设置，当然也可以只对 body 元素进行 text-align 样式的设置。显然，对 body 元素进行样式设置，代码更简洁，因为此时整个网页只需要设置一次，设置代码如下：

```
body{
    text-align: center;/*body 盒子的文本对齐样式设置适用于其中包含的所有块级子元素*/
}
```

### 7. 网页内容在浏览器窗口水平居中显示的设置

前面介绍的 text-align 只针对盒子中的文本进行水平对齐设置，对文字以外的内容在盒子中的水平居中设置无效。图 1-1 所示的网页内容，包含了图片和文本且网页内容在浏览器窗口中水平居中。由盒子模型可以知道，要让包含了图片等多媒体的内容在一个盒子中水平居中，最简单的办法就是在盒子中增加一个容器子盒子，并把这些内容放到这个子盒子中，然后设置子盒子的左、右外边距为自动调整，即子盒子左、右外边距的值为 auto，而上、下边距可以根据需要设置为 0或某个具体值。浏览器窗口（即 html 元素）就是网页最大的一个盒子。由于文档窗口（即 body元素）重置外边距为 0 后，文档窗口和浏览器窗口重叠，所以网页内容要相对浏览器窗口水平居中，其实就只要相对于文档窗口水平居中。所以要让网页内容相对浏览器窗口水平居中，只需要在<body>标签对之间再添加一个子盒子(通常为 div 盒子)，并用该盒子将整个网页内容包含起来，然后设置该盒子的左、右外边距为自动调整。盒子相对于父盒子的左、右外边距自动调整的 CSS示例如下：

```
div{
    margin: 20px auto;/*div 的上、下外边距为 20px，左、右外边距自动调整*/
}
```

### 8. 列表项前导符的取消

无序列表项和有序列表项默认存在前导符，在不需要列表项前导符时可以取消。取消列表项前导符的 CSS 属性为 list-style 或 list-style-type，其中 list-style 是一个简写属性，其除了可以设置列表项的前导符外，还可以设置前导符为图片及前导符的显示位置；而 list-style-type 就只能设置前导符。需要取消前导符时，这两个属性的取值必须为 none，设置示例如下：

```
li{
    list-style:none;/*取消列表项的前导符*/
}
```

### 9. HTML 元素类型及类型的修改

HTML 元素常用的类型有块级（block）、行内（inline）和行内块级（inline-block）这三种。块级元素具有独占一行、不设置宽度样式时宽度撑满父级元素宽度以及和相邻的块级元素依次垂直排列等特点。行内元素和相邻元素会从左往右依次排列在同一行里，直到一行排不下才会换行，不可以设置宽、高，可以设置 4 个方向的内边距以及左、右方向的外边距，但不可以设置上、下方向的外边距。行内块级元素和相邻元素会从左往右依次排列在同一行里，直到一行排不下才会换行，可以设置宽、高以及 4 个方向的内、外边距。元素类型可以使用 display 样式属性修改。元素类型修改的 CSS 示例如下：

```
li{
    display:inline;/*将块级元素转换为行内元素。注意：此时元素只能设置左、右外边距*/
}
```

从图 1-1 可知，各个图片的 4 个方向都存在一定的边距。从上述 3 种元素特点的描述中可知，本实验的 li 元素类型应修改为行内块级，而不能修改为行内元素，否则将得不到图 1-1 所示的布局效果。

### 10. 背景颜色设置

盒子的背景颜色可使用 CSS 的 background 或 background-color 属性设置，其中 background 是一个简写属性，既可以设置背景颜色，也可以设置背景图片。设置语法如下：

```
background:color_value;
backround-color:color_value;
```

设置盒子背景颜色样式的代码示例如下：

```
div{
    background:#00f;/*设置 div 盒子的背景颜色为蓝色*/
}
```

### 11. 字号和字体族设置

（1）字号设置。

使用 CSS 设置文字字号需要 font-size 样式属性，设置语法如下：

```
font-size: medium | length | 百分数 | inherit;
```

上面列出了 font-size 属性常用的几个属性值，这些属性值的描述如表 1-1 所示。

表 1-1　　　　　　　　　　　　　font-size 属性值

| 属性值 | 描述 |
| --- | --- |
| medium | 浏览器的默认值，大小为 16px。如果不设置字号，同时父元素也没有设置字体大小，则字体大小为该值 |
| length | 某个固定值，常用单位为 px、pt 和 em |
| % | 相对值，基于父元素或默认值的一个百分比值 |
| inherit | 继承父元素的字体尺寸 |

上述几个属性值中，最常用的属性值是：length，设置该值时需要指定单位，可用的单位有 px、pt、em、%这 4 个，它们的不同含义简述如下：

● px（像素）：主要用于计算机屏幕媒体。一个像素等于计算机屏幕上的一个点。像素是固定大小的单位，不具有可伸缩性，所以不太适合移动设备。

● pt（点）：主要用于印刷媒体。点也是固定大小的单位，不具有可伸缩性，所以不太适合移动设备。

● em：主要用于 Web 媒体。em 是相对长度单位，1em 等于当前文字大小。如果父元素文本以及当前文本字体大小都没有被设置，则浏览器的默认字体大小为 16px（12pt）。此时，

1em=12pt=16px。可见，em 会根据当前或父元素的字体大小自动重新计算值，因而具有可伸缩性，适合移动设备。

- %（百分比）：和 em 一样，属于相对长度单位，相对于父元素或默认字号。不管该百分比相对于谁，都有 100%=1em。百分比同样具有可伸缩性，也适合移动设备。

设置字号样式的代码示例如下：

```
div{
    font-size:12px;/*设置div盒子中的所有文字的字号为12px*/
}
```

（2）字体族设置。

使用 CSS 对文字设置字体族需要使用 font-family 样式属性，设置语法如下：

```
font-family: 字体1,字体2,...,通用字体 | inherit;
```

设置字体族时可以同时指定多个字体，此时将按设置的顺序来使用指定的字体：如果计算机中存在第一个字体，则使用该字体；如果存在第二个字体，则使用第二个字体，后续字体以此类推地使用。

需要注意的是，font-family 属性值为两个或者两个以上字体族名称时，必须用英文半角逗号分隔这些名称。另外，对含有空格的字体，例如"Times New Roman"，必须使用双引号或单引号将这些字体名称引起来。此外，为了保证兼容性，建议对所有中文字体使用双引号引起来。通用字体，表示相似的一类字体，分为 sans-serif（无衬线体）和 serif（衬线体）、monospace、cursive、fantasy 5 种类型。通常浏览器至少会支持每种通用字体中的一种字体。标准的 CSS 规则中要求字体族的最后要指定一个通用字体族。从风格和应用场景上来看，宋体可以看成衬线字体，而黑体、幼圆、隶书等字体则可看成无衬线字体。

设置字体族样式的代码示例如下：

```
body{
    /*设置网页中所有英文使用tahoma，否则使用Times New Roman；中文使用微软雅黑，否则使用宋体*/
    font-family:tahoma,"Times New Roman","微软雅黑","宋体",sans-serif;
}
```

### 12. CSS 样式在 HTML 文档中的应用

CSS 样式在 HTML 文档中的应用方式常用的有：行内式、内嵌式、链接式三种。

行内式就是将 CSS 代码作为 HTML 标签的 style 属性的方式。例如：

```
<span style="color:red; ">行内式应用CSS</span>
```

内嵌式就是在头部区域引入<style></style>，并把 CSS 代码放到该标签对之间的方式。例如：

```
<head>
<style type="text/css">
span{
    color:red;
}
</style>
</head>
```

链接式就是首先将 CSS 代码作为一个 css 文件的内容，并在 HTML 文档的头部区域添加<link>标签，然后通过<link>标签来引用 css 文件的方式。例如：

```
<head>
```

```
<link rel="stylesheet" type="text/css" href="css/mycss.css"/>
</head>
```

mycss.css 代码如下：

```
span{
        color:red;
}
```

# 1.5  实验分析

图 1-1 所示的九张图片及其相关的文字说明以统一的格式排列，由此我们很容易想到这些图片和文字应该是使用了列表来进行排列，并且每个列表项的内容就是一张图片和相应的说明文字。由于这些图片不需要排列顺序，因而使用无序列表就可以了。因此要想得到图 1-1 所示页面的结构，可使用以下 HTML 代码来表示：

```
<body>
  <div id="pic">
    <ul>
      <li><img/><br/>三亚</li>
      ...
    </ul>
  </div>
</body>
```

由于默认情况下，无序列表项前面存在实心圆点的前导符，而在本实验中并不需要这些前导符，所以需要取消默认的前导符。无序列表项默认是块级元素，因而每个列表项独占一行，但图 1-1 所示的实验结果一行中包含了三个列表项，其他不能在同一行显示的列表项则换行显示。可见，需要修改列表项的元素类型为行内块级元素或行内元素。另外，每张图片的说明文字在各自的区域中是水平居中的，所以需要设置列表项的文本水平居中对齐。另外，ul 元素默认存在 40px 的左内边距以及 12px 的上、下外边距，如果不重置这些默认边距的话，则势必会影响布局，因此，需要设置 ul 元素的内、外边距。图 1-1 中的各个图片之间都存在一定的间距，这些边距通过设置图片所在的盒子，即 li 元素的外边距即可达到。

图 1-1 所示的网页存在背景颜色并且大小不等于浏览器窗口，所以需要设置网页所在盒子的内容大小以及背景颜色。网页中的文字如果不设置字号（即字体大小）将会使用浏览器提供的默认字号显示，现在一般浏览器的字号默认都是 16px，很显然，图 1-1 所示的文字的字号应该小于16px，所以需要设置字号。不同浏览器的默认字体也是不一样的，例如对简体中文来说，Firefox的默认字体为微软雅黑，而 Chrome 的默认字体则由操作系统决定，因此有可能有些 Chrome 的默认字体为宋体，有些 Chrome 的默认字体则为微软雅黑，所以为了兼容各种浏览器，需要对网页中的文字设置字体。

# 1.6  实验思路

图片和文字用无序列表来排列，每张图片及其对应的文字作为列表项内容，放在<li></li>标签对之间；将 li 元素类型改为 inline-block 行内块级元素，使一行中可以显示多个 li 元素；取消无序列表项默认的前导符，并设置 li 元素 4 个方向的外边距来实现图 1-1 所示的图片之间的距离。

网页中使用<img>标签插入图片后，根据要求使用 CSS 中的 width 和 height 属性设置图片大小。网页背景颜色其实就是无序列表的背景颜色，所以对 ul 元素使用 background 或 background-color 样式属性设置背景颜色。

将排列图片和文字的无序列表放到 div 盒子中， <div>的左、右外边距由浏览器根据内容自动调整，上、下边距则为 0 或其他某个 px 值，以实现整个网页中的图片和文字在浏览器中水平居中的效果。通过 CSS 的 text-align 属性取 center 的样式代码来实现每张图片的相关文字说明的水平居中效果。图片和文字在不同行显示的效果则是通过在两者之间使用<br>添加换行效果来实现。网页中文字的字号和字体使用 body 元素选择器来统一设置。

本项目中的 CSS 代码既可以使用内嵌式，也可以使用链接式应用到网页。

# 1.7　实验指导

（1）新建一个 HTML 文档，并将文档标题设置为"使用列表和 CSS-实现图文横排"。

（2）在新建的 HTML 文档的同一目录下，新建 images 目录，并将所提供的图 1-1 所示的图片保存到该目录下。

（3）在文档的主体区域<body></body>标签对之间使用<div>、<ul>、<li>、<img>和<br>标签搭建网页结构，代码如下：

```
<body>
  <div id="pic">
    <ul>
      <li><img src="images/sanya.jpg"><br>三亚</li>
      ...
    </ul>
  </div>
</body>
```

（4）根据上面所提供的代码及图 1-1 补充代码。在文档的头部区域添加<style></style>标签对，并在标签对之间编写 CSS 样式代码：

```
<style type="text/css">
  /*在这里编写 CSS 代码*/
...
</style>
```

（5）在下面的第（6）步~第（10）步分别在<style></style>标签对之间使用相应的选择器编写 CSS 代码。

（6）使用元素选择器 body 设置 HTML 页面文字的字体大小为 12px，字体为微软雅黑，并且页面文字在各个盒子中水平居中：

```
body{
    font-size: ...;
    font-family: ...;
    text-align: ...;/*文字在各个盒子中水平居中*/
}
```

（7）使用元素选择器 img 设置图片的大小为 192×120px：

```
img{
    width: ...;
    height: ...;
}
```

（8）使用 ID 选择器设置 div 盒子的宽度为 680px，并在浏览器中水平居中：

```
#pic {
    width: ...;
    margin: ...;/* 实现 div 盒子在浏览器窗口中水平居中 */
}
```

（9）使用后代选择器设置 ul 无序列表的上、下内边距分别为 20px 和 10px，左、右内边距为 0，上、下、左、右外边距都为 0，背景颜色为#eee，没有列表项前导符号：

```
#pic ul {
    padding: ...;/* 重置 ul 的内边距 */
    margin: ...;/* 重置 ul 的外边距 */
    background: ...;/* 设置背景颜色 */
    list-style: ...;/* 取消列表项前面的前导符号 */
}
```

（10）使用后代选择器设置列表项的上、下外边距为 5px，左、右外边距为 10px，并将列表项元素类型修改为行内块级元素：

```
#pic ul li {
    margin: ...;
    display: ...;/* 将块级元素的 li 修改为行内块元素 */
}
```

思考：可以将列表项 li 的类型修改为行内元素吗？

（11）在前面第（4）步使用了内嵌的方式将 CSS 应用到 HTML 页面中，如果要求使用链接方式在 HTML 页面中应用 CSS，则应将第（3）步修改为：将第（6）步～第（10）步所编写的 CSS 代码放到一个 css 文件中，然后在 HTML 页面的头部区域中添加<link>标签，并在其中引用该 css 文件：

```
<link rel="stylesheet" type="text/css" href="..."/>
```

# 1.8　实验总结

　　本实验主要涉及了<div>、<ul>、<li>和<img>这几个标签以及元素选择器、ID 选择器、后代选择器。通过<ul>和<li>排列图片和文字；<div>作为容器窗口容纳<ul>和<li>，并通过它来实现网页内容在浏览器中水平居中；<img>用于插入图片。通过各个选择器设置内容大小、内边距和外边距，列表风格类型，列表项元素类型，字体、文本在盒子中的水平居中，网页内容在浏览器中的水平居中，以及背景颜色等样式，实现了相关内容的外观表现，并使用了内嵌和链接的方式将 CSS 样式应用到 HTML 文档中。

# 实训 2
# 使用列表、超链接和 CSS 创建纵向及横向菜单

## 2.1 实验目的

◇ 掌握列表和超链接的创建。
◇ 掌握使用伪类设置超链接不同状态下的样式。
◇ 掌握元素类型的修改、列表默认前导符的取消。
◇ 掌握盒子模型中的内外边距以及内容大小的设置。
◇ 掌握网页内容在浏览器中水平居中以及文字在盒子中水平居中的设置。
◇ 掌握字体、字号、背景颜色等样式的设置。
◇ 掌握 CSS 在 HTML 页面中的链接式应用。

## 2.2 实验环境

◇ 开发工具：Dreamweaver、WebStorm 等工具。
◇ 运行环境：Google Chrome 浏览器。

## 2.3 实验内容

使用列表、超链接等标签以及相关的 CSS 样式实现图 2-1 和图 2-2 所示的纵向及横向菜单效果。
要求：
（1）纵向菜单项之间使用边框点线分割，横向菜单项之间使用边框虚线分割。
（2）横向菜单在浏览器水平居中。
（3）菜单中的各个菜单项链接没有下画线。
（4）鼠标移到菜单项时颜色变成红色，移开后颜色还原为黑色。

图 2-1　纵向菜单

图 2-2　横向菜单

# 2.4　相关知识点介绍

　　本实验主要涉及：超链接及无序列表的创建，网页内容从在浏览器窗口水平居中显示，列表项前导符的取消，列表项元素类型的修改，使用伪类设置超链接不同状态下的样式，盒子模型的内外边距、内容大小、边框风格设置，文本颜色设置，行高设置，背景颜色设置，以及 CSS 样式在网页中的应用方式等知识点。

### 1．超链接的创建

　　超链接指的是提供单击文本或图像时，能实现从一个页面跳到另一个页面，或从页面的一个位置跳到另一个位置的对象。当单击的对象为文本时称为文本超链接；当单击的对象为图像时称为图像超链接。

　　超链接要能正确地进行链接跳转，需要同时存在两个端点，即源端点和目标端点。源端点是指网页中提供链接单击的对象，如文本或图像；目标端点是指链接跳过去的页面或位置，如某网页、书签等。

　　创建超链接需要使用<a>标签，创建超链接的基本语法如下：

```
<a href="链接路径">文本/图像</a>
```

　　　　链接的目标端点使用"链接路径"来表示，可以是相对路径，也可以是绝对路径，或者为脚本代码（当为脚本代码时，需要加上"javascript:"，即标签代码写成：<a href="javascript:脚本代码">文本/图像</a>）。"文本/图像"为源端点，即源端点为文本或图像。"href"属性是<a>标签的必设属性，此外，<a>还有一些其他的可选属性，例如"target"和"title"属性。其中，"target"用于指定显示目标端点的窗口，可取_blank、_self、_parent、_top和框架名称这几种值；"title"用于定义链接提示信息，当鼠标移到源端点时会弹出该提示信息。

## 2. 使用伪类设置超链接不同状态下的样式

使用伪类设置样式的基本语法如下：

```
选择器:伪类{
    属性1: 属性值1;
    属性2: 属性值2;
    ...
}
```

选择器可以是任意类型的选择器，伪类前的":"是伪类选择器的标识，不能省略。常用的CSS 2伪类如表2-1所示。

表 2-1　　　　　　　　　　　　　　　常见 CSS2 伪类

| 伪类类型 | 描述 |
| --- | --- |
| :active | 将样式添加到被激活的元素 |
| :hover | 当鼠标悬浮在元素上方时，向元素添加样式 |
| :link | 将样式添加到未被访问过的链接 |
| :visited | 将样式添加到已被访问过的链接 |
| :focus | 将样式添加到被选中的元素 |
| :first-child | 将样式添加到文档树中每一层元素指定类型的第一个子元素 |

上表中的前4个伪类常常用来设置超链接的4种状态样式。

超链接总共具有4种状态，分别为：未访问、访问过后、鼠标悬停和活动。默认情况下，超链接在未访问状态的外观是文本源端点为蓝色有下画线，且默认大小字体；活动状态的外观是文本源端点为红色有下画线，且默认大小字体；鼠标悬停状态的外观和悬停前的外观相同；访问过后状态的外观是文本源端点为紫色有下画线，且默认大小字体。如果要修改这四种状态的默认外观，则可以使用伪类选择器：a:link、a:visited、a:hover 和 a:active 来分别设置，代码示例如下：

```
a:link { /*未访问状态样式*/
    color: orange;
    font-size: 26px;
    text-decoration: none;
}
a:active { /*活动状态样式*/
    color: blue;
    text-decoration: none;
}
a:visited { /*访问过后状态*/
    color: green;
    text-decoration: none;
}
```

```
a:hover {  /*鼠标悬停状态样式*/
    color: pink;
    text-decoration: underline;
}
```

 如果希望各个状态的样式都有效，则需要按:link、:visited、:hover 和:active 排列顺序依次设置每个状态的样式，如果顺序调换了，如:hover 在:visited 的前面设置样式，此时:hover 状态样式将没有效果。

### 3. 边框风格设置

边框风格属于盒子模型的内容。边框风格指的是边框的形状，如实线、虚线、点状线等风格。

设置边框风格的 CSS 属性有：border、border-style、border-style-top、border-style-left、border-style-right 和 border-style-bottom。其中，border 是一个简写属性，可以同时设置盒子上、下、左、右 4 个方向的边框宽度、边框风格和边框颜色；border-style 是一个针对边框风格的简写属性，可以同时设置盒子上、下、左、右 4 个方向的边框风格，而后面 4 个属性则专门设置针对特定方向的边框风格。设置语法如下：

```
border: width_value style_value [color_value];
border-style: style_value [style_value] [style_value] [style_value];
boder_style-方向: style_value;
```

"color_value" 值缺省时，边框颜色默认为黑色。"style_value" 值用于设置边框风格，可取的值如表 2-2 所示。使用简写属性可以指定 1～4 个属性值，各个属性值之间使用空格进行分隔。当简写属性取 1 个值时，表示盒子 4 个方向的边框风格是一样的；取 2 个值时，第一个值设置盒子上、下边框风格，第二个值设置盒子左、右边框风格；取 3 个值时，第一个值设置盒子上边框风格，第二个值设置盒子左、右边框风格，第三个值设置盒子下边框风格；取 4 个值时，各个值按顺时针方向依次设置盒子上边框、右边框、下边框、左边框风格。

表 2-2            style 参数值

| 参数值 | 描述 |
| --- | --- |
| none | 无边框，默认值 |
| dotted | 边框为点线 |
| dashed | 边框为虚线 |
| solid | 边框为实线 |
| double | 边框为双实线 |
| groove | 边框为 3D 凹槽 |
| ridge | 边框为 3D 垄状 |
| inset | 边框内嵌一个立体边框 |
| outset | 边框外嵌一个立体边框 |
| inherit | 指定从父元素继承边框样式 |

 当要取消某个设置好的边框风格时，可以在后面直接使用 border、border-方向、border-方向-width 等属性设置边框宽度为 0。

边框风格示例如下：

```
border: 1px solid red; /*设置 4 个方向的边框都为 1px 的红色实线*/
border-style: dashed; /*设置 4 个方向的边框都为虚线*/
border-style: dashed solid dotted; /*上边框为虚线，左、右边框为实线，下边框为点线*/
```

### 4. 文本颜色设置

文本颜色使用 color 样式属性来设置，设置语法如下：

```
color：颜色英文单词 | 颜色的十六进制数 | 颜色的 rgb 值 | inherit;
```

color 属性的各个值的描述如表 2-3 所示。

表 2-3                                        color 属性值

| 属性值 | 描述 |
| --- | --- |
| 颜色英文单词 | 使用表示颜色的英文单词，例如：red（红色）、blue（蓝色）等 |
| rgb 值 | rgb 分别表示红、绿、蓝 3 种颜色，rgb 值使用 rgb(num,num,num)格式来表示某种颜色的取值，括号中的 3 个 num 参数分别表示红、绿蓝 3 种颜色的值，每种颜色的取值分别为 0~255。例如，红色的 rgb 值为：rgb（255,0,0） |
| 十六进制数 | 使用 "#" 加一个十六进制数表示颜色值，该方法是 rgb()表示法的一种变形，其分别使用两位十六进制数来表示 r、g、b 3 种颜色的取值，因此 3 种颜色共使用 6 位十六进制数来表示。例如红色的十六进制值为：#ff0000。当 6 位十六进制数中，每种颜色的两位十六进制数两两相同时，则每种颜色只需要用一位来表示，例如前面用于表示红色的 6 位十六进制数，就可以表示成 3 位的值：#f00 |
| inherit | 继承父级元素的颜色 |

 如果使用 CSS 3，还可以取 rgba 值，其中 "rgb" 和 CSS 2 中的 "rgb" 值具有一样的作用，后面的 "a" 表示透明度，取值为 0~1。

### 5. 行高设置

行高（line-height）是指上下文本行的基线间的垂直距离，而基线则是一条大部分字母所 "坐落" 其上的看不见的线。行高和基线的示意如图 2-3 所示。

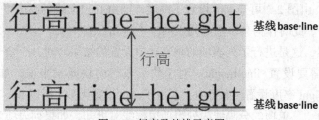

图 2-3    行高及基线示意图

行高设置需要使用 line-height 样式属性，设置语法如下：

```
line-height: normal | number | length | 百分数 | inherit;
```

line-height 属性值不能为负数。上述各个属性值的描述如表 2-4 所示。

表 2-4                              line-height 属性值

| 属性值 | 描述 |
| --- | --- |
| normal | 默认值，行间距为当前字体大小的 110%～120% |
| number | 不带任何单位的某个数字。行间距等于此数字与当前字体尺寸相乘的结果。效果等于 em 单位 |
| length | 以 px\|em\|pt 为单位的某个固定数值 |
| 百分数（%） | 相对于当前字体大小的行间距。100%的行间距等于当前字体尺寸 |
| inherit | 继承父元素的 line-height 属性 |

  在实际应用中，行高有一个应用技巧，就是对一个单行文本所在的盒子设置高度后，如果想使该行文本垂直居中，最简单的方法就是使用 line-height 属性，将行高设置为高度值。

  本实训的相关知识点主要介绍这么多，对于列表的创建、网页内容在浏览器窗口水平居中显示的位置、列表项元素类型修改、列表前导符的取消、盒子内外边距以及背景颜色设置、文本在盒子中水平居中设置、CSS 样式在 HTML 文档中的应用方式等知识点的介绍请见实训 1。

# 2.5 实验分析

  图 2-1 和图 2-2 所示的菜单中各个菜单项以统一的格式进行排列，而且这些菜单项不需要进行排序，所以和实训 1 一样，同样可以使用无序列表来排列各个菜单项。每个列表项的内容就是一个菜单项。同样，需要取消无序列表项的前导符。另外，对于图 2-2 所示的菜单，各个菜单项需要在同一行中显示，用于排列横向菜单的列表项默认是块级元素，默认一行只能显示一个列表项，因而此时需要修改列表项元素类型。需要大家思考的是，本实验中列表项的元素应修改为哪种类型，inline 还是 inline-block？或者两种类型任意一种都可以？

  对于无序列表，当列表项只有一项或所有列表项在一行显示且 ul 没有设置高度时，如果 ul 和 li 都为块级元素或行内块级元素，则列表项 li 在页面中占据的页面空间高度（其中包含了列表项的内容大小、内边距、外边距和边框）等于 ul 的高度；如果此时 ul 为块级元素，而 li 为行内元素，则列表项 li 的高度和 ul 的高度完全一样。当 ul 高度增大，而 li 高度不变时，列表项会与列表 ul 的顶部对齐。由图 2-2 可知，ul 设置了高度，而由 li 边框线的高度可知，li 应该没有设置高度，则默认情况下，此时作为菜单项的列表项应该与 ul 顶部对齐，但图 2-2 是菜单项在列表 ul 中垂直居中，很显然，这是进行了列表项的垂直居中设置的结果。对一个盒子中的单行文本进行垂直居中对齐设置需要设置 line-height。对于块级或行内块元素来说，如果高度没有设置，line-height 等效于 height 高度设置。而行内元素由于高度设置无效，所以 line-height 无法使行内元素的高度做改变。由"菜单项的分隔线为列表项边框线"可知，如果列表项 li 为块级元素或行内块级元素，分隔线会随着 ul 相应变大，但我们看到，分隔线的高度和列表项文本的高度几乎一致，由此可知，列表项的高度设置无效，因此 li 的元素类型必须为行内元素。

  作为菜单中的每个菜单项，很显然都应该是一个超链接，所以应该对每个列表项创建超链接。另外，从图 2-1 和图 2-2 可知，菜单项在未访问、鼠标悬停以及访问过后这些状态下具有不同的表现效果，可见需要针对超链接在未访问、访问过后以及鼠标悬停这 3 种状态下分别进行样式设置，使用伪类将很容易实现超链接不同状态下的样式设置。

由上面的分析可知，图 2-2 中作为菜单项的列表项的元素类型需要修改为行内元素。而行内元素之间默认是没有间距的，但图 2-2 的各个列表项之间的左、右都存在一定的间距，可知需要对列表项设置边距。还有就是图 2-2 中的横向菜单要求水平居中显示在浏览器中。

从图 2-1 和图 2-2 中，还可以看到需要对菜单设置背景颜色，同样可通过对 ul 设置背景颜色来实现。另外，因为 ul 默认存在 40px 的左内边距以及 12px 的上、下外边距，所以为了更好地布局菜单，需要重置 ul 的默认内、外边距。

另外，在纵向菜单中，每个菜单项在各个 li 盒子中都是水平居中的，而在横向菜单中，整个菜单在 ul 盒子中水平居中。菜单项和菜单的水平居中都属于文本居中，可分别通过 li 和 ul 元素的 text-align 样式属性取 center 值来设置。由于 text-align 样式设置是可继承的，所以能重用样式代码，实际应用中的文本居中对齐最常用的方式是使用它们的祖先元素 body 的 text-align 样式来做统一的设置。

# 2.6　实验思路

菜单中的各个菜单项使用无序列表来排列，每个菜单项作为一个列表项内容，分别放在 <li></li> 标签对之间，对每个菜单项创建超链接，并使用:link、:visited 和:hover 这 3 个伪类分别设置超链接在未访问、访问过后以及鼠标悬停状态的外观。

对于横向菜单，需要修改排列菜单项的列表项元素类型为行内元素，而纵向菜单则不需要修改列表项的元素类型，即保持列表项的默认块级元素类型。重置 ul 的内、外边距，并取消列表项前导符号，以及设置 ul 的背景颜色。对纵向菜单，设置列表项上、下边距为特定的某个值，而左、右边距为 0，并设置下边框为 1px 的灰色点线，把最后一个列表项的下边框宽度设置为 0。对横向菜单，需要设置列表项左、右边距为特定的某个值，而上、下边距为 0，并设置右边框为 1px 的灰色虚线，把最后一个列表项的右边框宽度设置为 0。

最后把排列横向和纵向菜单的无序列表放在一个 div 盒子中，并分别设置 div 的宽度。对横向菜单，还需要对 div 盒子进行浏览器水平居中设置。

本项目中的 CSS 代码既可以使用内嵌式，也可以使用链接式应用到网页，但为了尽可能地符合 Web 标准，实现表现和内容的分离，建议使用链接式应用 CSS 的方式。

# 2.7　实验指导

## 1．创建纵向菜单

（1）新建一个 HTML 文档，并将文档标题设置为"使用列表、超链接和 CSS 创建纵向菜单"。

（2）在文档的头部区域添加以下代码链接外部 css 文件：

```
<link rel="stylesheet" type="text/css" href="css/vertical.css"/>
```

（3）在文档的主体区域 <body></body> 标签对之间添加一个 <div></div>，并在其中添加一个 <ul></ul>，在 <ul> 标签中的每个 <li></li> 中分别添加一个菜单项，同时对每个菜单项创建超链接，超链接的目标端点可以是#或其他 URL，源端点如图 2-1 所示，对最后一个 <li> 添加"last"的类名。HTML 结构代码如下：

```
<body>
  <div id="menu">
    <ul>
      <li><a href="#">菜单项 1</a></li>
      ...
      <li class="last">...</li>
    </ul>
  </div>
</body>
```

（4）根据上面所提供的代码及图 2-1 补充代码。

（5）在当前 HTML 文档同一目录下创建 css 文件夹，并在 css 文件夹中创建 vertical.css 样式文件，然后在 vertical.css 中分别编写下面第（6）步～第（13）步中的 CSS 代码。

（6）使用元素选择器设置 HTML 页面文字的字体大小为 13px，字体为微软雅黑，并且页面文字在各个盒子中水平居中。

```
body {
    font-size:...;
    font-family:...;
    text-align:...;/*文字在各个盒子中水平居中*/
}
```

（7）使用 ID 选择器设置 div 盒子的宽度为 120px。

```
#menu {
    width: ...;
}
```

（8）使用后代选择器设置 ul 无序列表的上、下、左、右 4 个方向的外边距都为 0，左、右内边距为 10px，上、下内边距为 0，背景颜色为#eee，取消列表项前导符号。

```
#menu ul {
    margin:...; /*ul 上、下外边距默认为 12px，重置 ul 的默认外边距样式 */
    padding:...;/*ul 的左内边距默认为 40px，重置 ul 的默认内边距样式 */
    list-style:...;/* 取消列表项的项目符号*/
    background: ...;
}
```

（9）使用后代选择器设置列表项的上、下内边距为 12px，左、右外边距为 0，下边框是颜色为#ccc、宽度为 1px 的点线。

```
#menu ul li{
    padding:...;/*设置列表项与边框的上、下内边距为 12px，左、右内边距为 0*/
    border-bottom:...;/* 设置列表项的下边框样式*/
}
```

（10）使用后代选择器设置取消最后一个列表项的下边框（即设置下边框宽度为 0）。

```
#menu ul li.last {
    border-bottom:...; /* 取消最后一个列表项的下边框 */
}
```

（11）使用超链接的伪类选择器设置超链接的未访问状态的外观：链接文本颜色为#000（黑色），没有下画线。

```
a:link { /* 使用伪类设置未访问状态样式 */
    color:...;
    text-decoration:...;
}
```

（12）使用超链接的伪类选择器设置超链接的访问过后状态的外观：链接文本颜色为#000（黑色），没有下画线（下画线的设置默认继承未访问状态的）。

```
a:visited{/*使用伪类设置访问过后状态样式*/
    color: ...;
}
```

（13）使用超链接的伪类选择器设置超链接的鼠标悬停状态的外观：链接文本颜色为#f00（红色），没有下画线（下画线的设置默认继承未访问状态的）。

```
a:hover { /* 使用伪类设置鼠标悬停状态样式 */
    color:...;
}
```

思考：:hover 样式可以放到:visited 样式的前面吗？

## 2. 创建横向菜单

（1）新建一个 HTML 文档，并将文档标题设置为"使用列表、超链接和 CSS 创建横向菜单"。

（2）在文档的头部区域添加以下代码链接外部 css 文件：

```
<link rel="stylesheet" type="text/css" href="css/horizontical.css"/>
```

（3）在文档的主体区域<body></body>标签对之间添加一个<div></div>，并在其中添加一个<ul></ul>，在<ul>标签中的每个<li></li>中分别添加一个菜单项，同时对每个菜单项创建超链接，超链接的目标端点可以是#或其他 URL，源端点如图 2-2 所示，对最后一个<li>添加"last"的类名。HTML 结构代码如下：

```
<body>
  <div id="menu">
    <ul>
      <li><a href="#">菜单项 1</a></li>...<li class="last">...</li>
    </ul>
  </div>
</body>
```

　　　创建横向菜单时，用于设置菜单项的各个<li>必须显示在同一行，不能换行显示，因为此时的 li 是行内元素，而行内元素会将换行解析成一个空格，这样就会导致菜单项的左、右两边的间距不一致。

（4）在当前 HTML 文档同一目录下创建 css 文件夹，并在 css 文件夹中创建 horizontical.css 样式文件，然后在 horizontical.css 中分别编写下面第（5）步~第（12）步中的 CSS 代码。

（5）使用元素选择器设置 HTML 页面文字的字体大小为 13px，字体为微软雅黑，并且页面文字在各个盒子中水平居中。

```
body {
    font-size:...;
    font-family:...;
    text-align:...;/*文字在各个盒子中水平居中*/
}
```

（6）使用 ID 选择器设置 div 盒子的宽度为 500px，并设置 div 盒子在浏览器窗口水平居中显示。

```
#menu {
    width:...;
    margin:...;/*div与浏览器窗口上、下边距为10px，左、右边距自动调整*/
}
```

（7）使用后代选择器设置 ul 无序列表的上、下、左、右 4 个方向的内、外边距都为 0，背景颜色为#eee，没有列表项前导符号，并设置无序列表的高度和行高都为 36px，使其中的菜单在无序列表中垂直居中显示。

```
#menu ul {
    padding:...;/* 重置 ul 的内边距为 0*/
    margin:...;/* 重置 ul 的外边距为 0*/
    background:...;
    list-style:...;/* 取消列表项前面的前导符号 */
    height:...;
    line-height:...;/*设置行高，实现垂直居中*/
}
```

（8）使用后代选择器修改 li 的元素类型为行内元素，并设置列表项的上、下内边距为 0，左、右外边距为 12px，右边框是颜色为#ccc、宽度为 1px 的虚线。

```
#menu ul li {
    display:...;/* 将块级元素的 li 修改为行内元素*/
    padding:...;
    border-right:...;/*边框为虚线*/
}
```

（9）使用后代选择器取消最后一个列表项的右边框（即设置右边框宽度为 0）。

```
#menu ul li.last {
    border-right:...; /* 取消最后一个列表项的右边框 */
}
```

（10）使用超链接的伪类选择器设置超链接的未访问状态的外观：链接文本颜色为#000（黑色），没有下画线。

```
a:link { /* 使用伪类设置未访问状态样式 */
    color:...;
    text-decoration:...;
}
```

（11）使用超链接的伪类选择器设置超链接的访问过后状态的外观：链接文本颜色为#000（黑色），没有下画线（下画线的设置默认继承未访问状态的）。

```
a:visited{/*使用伪类设置访问过后状态样式*/
    color: ...;
}
```

（12）使用超链接的伪类选择器设置超链接的鼠标悬停状态的外观：链接文本颜色为#f00（红色），没有下画线（下画线的设置默认继承未访问状态的）。

```
a:hover { /* 使用伪类设置鼠标悬停状态样式 */
    color:...;
}
```

对比 vitical.css 和 horizontical.css 两个文件的 CSS 代码，我们发现有很多代码是完全相同的，针对同一个站点来说，这意味着存在很多冗余代码。过多的冗余代码将增大文件，从而影响浏览速度，另外，对日后的维护也带来不便。所以我们应尽可能地减少冗余代码，尽量重用代码。针对上述两个 css 文件存在冗余代码的问题，有两种解决方法：如果两个 css 文件中同时存在比较多的不同 CSS 代码，则再创建一个 css 文件，并将所有相同的代码抽取出来放在新建的 css 文件中，然后在两个 HTML 文档中同时链接这个 css 文件；如果两个 css 文件中不同的 CSS 代码不多，则将两个 css 文件整合为一个 css 文件，此时需要注意，使用不同的 id 属性值来区分来自不同的 HTML 文件中的同类 HTML 元素。例如：创建的纵向菜单和横向菜单中都存在一个相同的 div，为了区分它们，此时应给它们设置不同的 id 属性值，如首先将纵向菜单中的<div id="menu">修改为<div id="vertical_menu">，而将横向菜单中的<div id="menu">修改为<div id="horizontical_menu">，然后，将前面 CSS 中相应的#menu 分别修改为#vertical_menu 和#horizontical_menu。

# 2.8　实验总结

本实验主要使用了<div>、<ul>、<li>和<a>这几个标签以及元素选择器、ID 选择器、后代选择器和伪类选择器。通过<ul>和<li>排列菜单；<div>作为容器窗口容纳<ul>和<li>；<a>则用于设置菜单项超链接。通过各个选择器设置了内容大小、内边距和外边距等盒子样式，列表样式类型，列表项元素类型，列表边框风格，字体、文本在盒子和网页内容在浏览器中的水平居中、背景颜色，以及 a 的 link/visited/hover 伪类等样式，实现了相关内容的外观设置，并使用了链接方式将 CSS 样式应用到 HTML 文档中。

# 实训 3
# 使用表格和 CSS 创建天气预报

## 3.1  实验目的

✧ 掌握表格的创建及跨行跨列操作。
✧ 掌握表格的边框间距以及单元格间距样式设置。
✧ 掌握圆角的设置。
✧ 掌握盒子模型中的内外边距、边框以及内容大小的设置。
✧ 掌握网页内容在浏览器中水平居中以及文字在盒子中水平居中的设置。
✧ 掌握字体族、字号、字体重量、背景颜色等样式的设置。
✧ 掌握 CSS 在 HTML 页面中的链接式应用。

## 3.2  实验环境

✧ 开发工具：Dreamweaver、WebStorm 等工具。
✧ 运行环境：Google Chrome 浏览器。

## 3.3  实验内容

使用表格等标签以及相关的 css 样式实现图 3-1 所示的天气预报效果。

要求：

（1）图 3-1 所示的所有网页内容全部使用表格来组织。

（2）当天的云图的大小为 100px × 100px，非当天的云图的高度为 60px × 60px，显示云图的行高为 130px。

（3）所有网页元素外观表现，包括表格大小及边框和边距、字体大小、字体重量、图片大小、单元格间距、盒子圆角等，都使用 CSS 进行设置。

图 3-1　使用表格及 CSS 创建的天气预报

# 3.4　相关知识点介绍

本实验主要涉及：表格的创建、标题字和<p>、<span>标签的使用，以及表格背景、表格宽度、表格在浏览器窗口中的水平居中、文字在单元格中的水平对齐、单元格的内边距及边框、表格的内边距、行高度、字体大小、字体重量、盒子圆角等样式设置等知识点。

## 1. 表格的创建

表格在网页中的作用主要是组织相关数据，以行列的形式将数据罗列出来，结构紧凑，数据直观。一个表格包括行、列和单元格三个组成部分。其中行是表格中的水平分隔，列是表格中的垂直分隔，单元格是行和列相交所产生的区域，用于存放表格数据。为了更好地描述表格中的内容，有时我们也会将表格内容划分为三个区域：表格页眉、表格主体和表格页脚。其中表格页眉主要存放表头内容，表格主体存放数据，表格页脚则存放一些脚注内容，如汇总数据等内容。此外，整个表格也可以包含标题，以概括整个表格的数据。表格的这些组成部分在网页中需要分别使用对应的标签来描述。表 3-1 给出了这些表格组成部分对应的标签。

表 3-1　　　　　　　　　　　　　　表格标签

| 标签 | 描述 |
| --- | --- |
| <table> | 定义表格 |
| <caption> | 定义表格标题 |
| <tr> | 定义表格行 |
| <th> | 定义表格表头 |
| <td> | 定义表格单元格 |
| <thead> | 定义表格页眉 |
| <tbody> | 定义表格主体 |
| <tfoot> | 定义表格页脚 |

一个标准的表格同时包含了标题、表头、行、单元格、页眉、主体和页脚。在网页中，标准的表格结构如下：

```
<table>
    <caption>表格标题</caption>
    <thead>
        <tr>
            <th>表头 1</th> <th>表头 2</th> <th>表头 3</th> ...
        </tr>
    </thead>
    <tbody>
        <tr>
            <td>数据 1</td> <td>数据 1</td> <td>数据 1</td> ...
        </tr>
        ...
    </tbody>
    ...</*如果需要的话，此处可以添加多个<tbody></tbody>*/>
    <tfoot>
        <tr>
        <td>数据 1</td> <td>数据 2</td>... </*此处也可以使用 th 标签*/>
        </tr>
    </tfoot>
    </table>
```

在实际应用中，一般并不会总是包括表格的所有组成部分。实际上，在表格的标题、表头、行、列、页眉、主体和页脚这些组成部分中，除了行、单元格外，其他部分都是根据需要进行选用的。只包含行和单元格的表格结构最简单，同时也是最常用的，结构如下：

```
<table>
    <tr>
        <th>表头 1</th> <th>表头 2</th> <th>表头 3</th> ...
    </tr>
    <tr>
        <td>数据 1</td> <td>数据 1</td> <td>数据 1</td> ...
    </tr>
    ...</*如果需要的话，此处可以添加多个<tr>...</tr>*/>
</table>
```

当<table></table>中没有使用<thead>、<tbody>和<tfood>时，<table></table>标签对之间默认存在一个<tbody></tbody>，并且表格中的所有内容都属于<tbody></tbody>中的内容，即都属于表格主体内容。

表格最常用的两个操作是对单元格设置标签属性 rowspan 和 colspan 执行跨行、跨列操作，语法分别如下：

（1）跨行操作。

```
<td rowspan="所跨行数">...</td>
<th rowspan="所跨行数">...</th>
```

（2）跨列操作。

```
<td colspan="所跨列数">...</td>
```

```
<th colspan="所跨列数">...</th>
```

表格除了上述用于跨行和跨列的标签属性外，还有一些用于表格外观设置的标签属性，不过并不建议使用这些标签属性来设置表格外观，表格的外观一般使用相应的 CSS 属性来进行设置。表格常用的 CSS 属性主要如下：

- 对\<table\>、\<tr\>、\<td\>和\<th\>都有效的 CSS 属性有：color、text-align、font-size、font-weight 等属性。
- 对\<table\>和\<td\>、\<th\>都有效的 CSS 属性有：width、height、border、padding 和 margin 等盒子属性，其中，\<table\>的 padding 属性用于设置表格边框和单元格之间的距离；\<td\>和\<th\> 的 padding 属性等效于\<table\>的 cellpadding 标签属性，用于设置单元格边框和内容之间的距离。
- \<table\>除了可以使用上述 CSS 属性外，还具有表 3-2 所示的一些 CSS 表格属性。

表 3-2　　　　　　　　　　　　　　常用表格 CSS 属性

| 属性 | 属性值 | 描述 |
|---|---|---|
| border-collase | separate | 默认值，表格边框和单元格边框会分开 |
| | collapse | 表格边框和单元格边框会合并为一个单一的边框 |
| border-spacing | length [length] | 规定相邻边框之间的距离，单位可取 px、cm 等。该属性等效于\<table\>的 cellspacing 标签属性。缺省时，表格边框之间存在 2px 的距离。<br>定义一个 length 参数，则该值同时定义相邻边框之间的水平和垂直间距。如果定义两个 length 参数，则第一个参数设置相邻边框之间的水平距离，第二个参数设置相邻边框之间的垂直距离 |
| caption-side | top | 默认值，表格标题显示在表格上面 |
| | bottom | 表格标题显示在表格下面 |
| table-layout | automatic | 默认值，单元格宽度由单元格内容决定 |
| | fixed | 单元格宽度由表格宽度和单元格宽度决定 |

## 2. 标题字的设置

标题字就是以某几种固定的字号显示文字，一般用于强调段落要表现的内容或作为文章的标题。默认情况下，标题字具有加粗显示并与下文产生一个空行的间隔特性，这是由标题字的默认样式所决定的。默认情况下，标题字存在特定长度的上外边距和下外边距，但需要注意的是，不同级别的标题字的默认外边距不同，而且同一级别的标题字，不同浏览器默认的外边距也可能不同。例如：在 Chrome 浏览器中 h2 标题字的字号为 24px，上、下外边距为 19.92px；h3 标题字的字号为 18.72px，上、下外边距为 18.72px。在实际应用中，为了提高浏览器的兼容性，通常会通过 margin 来重置标题字的默认外边距。

标题字根据字号的大小分为六级，分别用标签 h1～h6 表示，字号的大小默认随数字增大而递减。标题字的大小以及默认的外边距都可以使用 CSS 修改。

基本语法如下：

```
<hn>标题字</hn>
```

说明　　　　hn 中的 "n" 表示标题字级别，取值 1～6。

**3.　<p>和<span>标签的使用**

<p>标签用于创建一段格式上统一的文本，即段落。段落创建的基本语法如下：

```
<p>段落内容</p>
```

<span>标签是一个装饰性标签，用于设置文本的视觉差异。通常需要对一段文本中的某些内容做特别的样式设置时会首先使用<span>将需要做特别样式设置的文本包围起来，然后使用相关的选择器来设置这块文本的样式。基本语法如下：

```
<span>文本内容</span>
```

需要注意的是，p 元素是一个块级元素，而且默认情况下，<p>创建的段落存在 16px 的上外边距和下外边距。而 span 元素则是一个行内元素。

**4.　字体重量设置**

字体重量指的是字体的粗细，设置字体重量需要使用 font-weight 样式属性，设置语法如下：

```
font-weight: normal | bold | bolder | lighter | number | inherit
```

上述所列的各个属性值的描述如表 3-3 所示。

表 3-3　　　　　　　　　　　　　　font-weight 属性值

| 属性值 | 描述 |
| --- | --- |
| normal | 默认值，定义标准粗细的字体 |
| bold | 粗体字 |
| bolder | 更粗的字体 |
| lighter | 更细的字体 |
| 100<br>200<br>300<br>……<br>900 | 数字越大，字体越粗。其中，400 相当于 normal，而 700 相当于 bold |
| inherit | 继承父级字体粗细 |

**5.　盒子圆角设置**

盒子圆角样式就像边框样式一样，既可以使用一个简写属性来同时设置 4 个方向的圆角样式，也可以针对各个角一一进行设置，这两种设置方式对应使用的样式属性分别为：border-radius 和 border-*-*-radius，设置语法如下：

```
border-radius: num [num] [num] [num]| % [%] [%] [%];/*同时设置四个角*/
border-*-*-radius: num | %;/*设置指定方向的圆角*/
```

　　　　　border-radius 属性为简写属性，可以同时设置 4 个方向的圆角，其中的 num 和%都可取 1～4 个值。而 border-*-*-radius 属性只针对指定方向设置圆角，其中第一个 "*" 可取 top 和 bottom 两个值，第二个 "*" 可取 left 和 right 两个值。num 值表示使用具体数值来定义元素的圆角形状，单位为 px；%值表示使用相对于元素自身尺寸的一个百分比来定义元素的圆角形状。

border-radius 属性取不同数量的值具有不同的含义，具体含义如表 3-4 所示。

表 3-4　　　　　　　　　　　　　　border-radius 属性取不同数量的值的含义

| 属性值的个数及示例 | 描述 |
| --- | --- |
| 1 个值：border-radius:10px; | 上下左右 4 个角都是半径为 10px 的圆角 |
| 2 个值：border-radius:10px 20px; | 左上角和右下角半径为 10px 圆角<br>右上角和左下角半径为 20px 圆角 |
| 3 个值：border-radius:10px 20px 30px; | 左上角半径为 10px 圆角<br>右上角和左下角半径为 20px 圆角<br>右下角半径为 30px 圆角 |
| 4 个值：border-radius:10px 20px 30px 40px; | 4 个值按顺时针的顺序分别表示为左上角、右上角、右下角和左下角的圆角半径为 10px、20px、30px 和 40px |

border-*-*-radius 属性可表示的方向如表 3-5 所示。

表 3-5　　　　　　　　　　　　　　border-*-*-radius 属性表示的方向

| 属性 | 圆角方向 |
| --- | --- |
| border-top-left-radius | 左上角 |
| border-top-right-radius | 右上角 |
| border-bottom-right-radius | 右下角 |
| border-bottom-left-radius | 左下角 |

本实训的相关知识点主要介绍这么多，图片的插入，字体大小，单元格的内边距及边框、表格宽度及其内边距等盒子模型的样式，以及表格在浏览器中的水平居中，文字在单元格及在<p>标签中的水平居中对齐等样式设置请参见实训 1 和实训 2 中的相关知识内容。

# 3.5　实验分析

由图 3-1 所示结果及实验要求可知，"天气预报"应为表格的标题，因此，所用的表格包含了caption 标题，并且至少有 8 行 5 列，其中，第一行的第一个单元格进行了跨列操作，而第二行的第一个单元格进行了跨行操作。从图 3-1 中我们看到，表格没有边框，在浏览器中水平居中显示，并且表格设置了背景颜色。默认情况下，单元格的宽度由表单元格中的内容决定，而图 3-1 所示结果中单元格的宽度明显比内容宽，这种效果可以由单元格设置内边距来获得，也可以通过表格设置宽度及内边距来获得。本实验将通过表格设置宽度及内边距。另外，由当天云图的垂直位置及右边的星期数、日期的行间距，以及其他日期和其云图所在行的间距，我们可以认为当天云图所在的单元格应该是跨了 3 行，如果是跨 2 行或跨 4 行，则当天的云图在垂直位置上会再向下一点，或星期数、日期的行间距，以及其他日期和其云图所在行的间距会更大一点。而且从当天云图所在行与第一行的间距可知，该行的高度应该比随后两行的高度小，而且该行的单元格应该没有边框。由当天云图所在行的高度比随后两行的高度小，可推测出该行的其他单元格应该没有任何内容。由前面的分析可知，该表格取 8 行较为合适。当把每天的天气情况放到一列中时，表格的列数应为 5 列。

图 3-1 中的白色竖线可以使用多种方法得到，其中将它作为单元格的左边框或右边框是最简单的。如果使用单元格的左边框则要取消每一行第一列的左边框；如果使用单元格的右边框则要取消每一行最后一列的右边框。当白色竖线使用单元格的边框线来表示时，只需对单元格设置左边框或右边框。需要注意的是，默认情况下，表格的各个边框之间存在 2px 的距离，如果不取消这个距离，使用边框来获取的白色竖线将会是间断不连续的。另外，单元格中的默认内容边框只有 1px 的内边距，所以默认情况下，表格单元格的内容间距比较小，显得比较拥挤，不太美观。图 3-1 中的各个单元格的内容间距却比较好，看上去比较美观，由此可知，单元格之间应该设置了内边距。

由图 3-1 所示结果可看出，表格第一行中的文字水平居左显示，而其他行中的文字都在各个单元格中水平居中显示。由于默认情况下单元格中的文字是水平居左显示的，所以我们可以使用 td 选择器对所有的单元格进行统一的水平居中设置，然后对第一行单元格中的文字重置水平对齐方式，使其水平居左。另外，第一行的文字进行了加粗及字体大小的设置，同时该行文字和单元格的间距相对于其他行的单元格都要大一点，实现这些效果也可以有多种方法，其中最简单的是使用标题字，因为标题字默认同时做加粗和字体大小以及对应标题字级别的上、下外边距的设置。

由图 3-1 我们还看到，当天的天气云图比其他日期的要大一点，气温字体加粗并且加大。另外，其他日期云图所在行比其他行的高度要大点。默认情况下，单元格的大小由其中的内容来决定，所以，如果云图的高度大于单元格高度且该高度符合所要求的高度，则不需要设置云图所在行高度，否则需要设置该行高度。由实验要求可知，其他日期的云图的高度为 60px，而这些云图所在行的高度要求为 130px，因此需要设置行高度。由于所有云图都需要设置行高度，所以本实验使用插入图片的方法来设置。

由图 3-1 中的空气质量所在的盒子具有背景颜色，可知应对单元格中的文字外面套用一个盒子，这个盒子可以是 span 或 p。由于盒子宽度比文字大，可知盒子的宽度应该是可以设置的。p 默认为块级元素，所以可以设置宽度，而 span 默认是行内元素，如果使用 span 盒子的话，则首先需要将 span 转变为行内块级元素或块级元素，这样 span 才可以设置宽度。为简单起见，本实验使用 p 盒子。由图 3-1 所示可以看出，空气质量所在的盒子是水平居中的，所以当使用 p 来设置空气质量时，就要求 p 元素进行水平居中设置。而 p 元素并不是一个文本，是一个盒子，所以 p 元素的水平居中需要使用左、右外边距自动，至于上、下外边距，则可以根据行间距的要求进行相应的设置。另外，图 3-1 所示空气质量盒子的四个角都为圆弧，由此可知需要对盒子进行圆角设置。

另外我们看到，图 3-1 中的白色竖线并没有延长到表格的底部，而是和底部之间存在一定的间距。这个间距可以使用两种方法产生：第一种方法是增加一个空行；第二种方法是对表格设置下内边距。本实验将采用较为简单的第二种方法。

# 3.6　实验思路

使用表格的\<table>、\<tr>和\<td>标签创建一个 8 行 5 列的表格，其中第 1 行中的第一个单元格执行跨 5 列的操作，第 2 行的第一个单元格执行跨 3 行的操作。对每个单元格设置一个 1px 的白色左边框，并取消第 1、2 行所有单元格以及第 3～8 行的第一个单元格的左边框。对表格中第一列中需要特别设置样式内容的，可以通过对相关的标签增加一个类名，进而使用该类名设置类样式。对于表格中的各个对象外观，则根据分析使用相应的 CSS 属性进行表格宽度、表格内边距、单元格左边框及内边距、图片的大小、字体大小、字体粗细、表格在浏览器中的水平居中以及单元格中的文字的水平居中、表格背景颜色、盒子圆角等样式设置，并使用内嵌式或链接式将 CSS 应用到 HTML 文档中。

# 3.7　实验指导

（1）新建一个 HTML 文档，并将文档标题设置为"天气预报"。

（2）在新建 HTML 文档同一目录下，新建 images 目录，并将提供的图 3-1 所示的各个云图保存在 images 目录下。

（3）在文档的头部区域添加以下代码链接外部 css 文件：

```
<link rel="stylesheet" type="text/css" href="css/table.css"/>
```

（4）在文档的主体区域<body></body>标签对之间添加<table>、<caption>、<tr>和<td>创建图 3-2 所示的结构的表格。 

天气预报

图 3-2　表格结构

表格 HTML 代码如下：

```
<body>
  <table>
    <caption>...</caption>
      <tr><!--设置当天日历-->
        <td colspan="5">....</td>
      </tr>
      <tr>
        <td rowspan="3">...</td><!--插入当天的云图-->
         <td></td>
         ...
      </tr>
      <tr></*设置星期数*/>
        <td>...</td>
         ...
      </tr>
      <tr></*设置日期*/>
```

```
        <td>...</td>
         ...
      </tr>
      <tr>
        <td>...</td><!--设置当天气温-->
        <td><img src="..."/></td><!--插入后续几天的云图-->
         ...
      </tr>
      <tr><!--设置气温-->
        <td>...</td>
        <td>...</td>
         ...
      </tr>
      <tr><!--设置天气情况-->
        <td>...</td>
        <td>...</td>
         ...
      </tr>
      <tr><!--设置风力及风向-->
        <td>...</td>
        <td>...</td>
         ...
      </tr>
      <tr><!--设置空气质量-->
        <td>...</td>
        <td><p>...<p></td>
         ...
      </tr>
    </table>
  </body>
```

（5）为了便于设置第 1 行中的文本样式，对第 1 行中的第 1 个单元格添加 class="title_td"设置类名或添加 id="title_td"设置 ID 名，以便使用类选择器或 ID 选择器进行相应样式设置。

（6）给第 1 行、第 2 行的<tr>以及第 5~8 行中的第一个<td>中分别添加 class="no_border"设置类名，以便通过相应的 CSS 代码取消这些相应的单元格左边框。

（7）当天天气预报中的云图、气温以及空气质量都需要进行特定的样式设置，为此分别给这三块内容所在的单元格添加 class="active_img"、class="active_tem"和 class="active"设置类名，其中 class="active_tem"和 class="no_border"在单元格中改写成：class="active_tem no_border"，即对应单元格中同时存在两个类名，可对这两个类名分别进行样式设置。

（8）给当天气温所在的<tr>添加 class="weather"设置类名或 id="weather"设置 ID 名，以便使用类选择器或 ID 选择器设置该行的高度以及其中各个云图的大小。

（9）对标题设置为二级标题，当天日历则设置为三级标题。

（10）根据前面第（5）~第（9）步的要求，将前面给出的表格的 HTML 代码进行如下修改：

```
  <body>
    <table>
      <caption><h2>...</h2></caption>
        <tr class="no_border"><!--设置当天日历-->
```

```
        <td colspan="5" id="title_td"><h3>...</h3></td>
      </tr>
      <tr class="no_border">
        <td rowspan="3">...</td><!--插入当天的云图-->
        <td></td>
        ...
      </tr>
      <tr><!--设置星期数-->
        <td>...</td>
        ...
      </tr>
      <tr><!--设置日期-->
        <td>...</td>
        ...
      </tr>
      <tr id="weather">
        <td class="active_tem no_border">...</td><!--设置当天气温-->
        <td><img src="..."/></td><!--插入后续几天的云图-->
        ...
      </tr>
      <tr><!--设置气温-->
        <td class="no_border">...</td>
        <td>...</td>
        ...
      </tr>
      <tr><!--设置天气情况-->
        <td class="no_border">...</td>
        <td>...</td>
        ...
      </tr>
      <tr><!--设置风力及风向-->
        <td class="no_border">...</td>
        <td>...</td>
        ...
      </tr>
      <tr><!--设置空气质量-->
        <td class="no_border"><p class="active">...<p></td>
        <td><p>...<p></td>
        ...
      </tr>
    </table>
  </body>
```

（11）根据图 3-3 所示结果，补充上述代码中的内容。

（12）在当前 HTML 同一目录下创建 css 文件夹，并在 css 文件夹中创建 table.css 样式文件，然后在 table.css 中分别编写第（13）步～第（21）步中的 CSS 代码。

（13）使用元素选择器设置表格宽为 800px，表格边框间距为 0，表格下内边距为 20px，表格背景颜色为#369，表格上下外边距为 0、左右外边距自动，以实现表格在浏览器窗口中水平居中。

图 3-3　使用表格制作天气预报

```
table{
    width:...;
    border-spacing:...;
    padding-bottom:...;
    background-color:...;
    margin:...;
}
```

（14）使用元素选择器设置单元格文字颜色为白色，文字字号为 12pt，上、下、左、右 4 个方向的内边距为 10px，文字在单元格中水平居中显示，左边框为 1px 的白色实线。

```
td{
    color:...;
    font-size:...;
    padding:...;
    text-align:...;
    border-left:...;
}
```

（15）使用后代选择器及并集选择器设置 CSS，同时取消第 1 行、第 2 行所有单元格以及第 5～8 行的第一个单元格的左边框。

```
.no_border td,td.no_border{
    border-left:...;
}
```

（16）使用 ID 选择器设置 CSS，实现第 1 行中第一个单元格的文字水平左对齐，左内边距为 20px，其中的文字字号为 16px（设置字号的原因是使其中 h3 的字号变大，因为 h3 的字号为 1.17em，1em 等于父元素的字体大小）。

```
#title_td {
    text-align:...;
    padding-left:...;
    font-size:...;
}
```

（17）使用后代选择器设置当天云图的宽度和高度均为 100px。

```
.active_img img{
```

```
        width:...;
        height:...;
    }
```

（18）使用类选择器设置当天气温的字号为 30px，字体加粗。

```
.active_tem{
        font-size:...;
    font-weight:...;
    }
```

（19）使用 ID 选择器设置当天气温所在行的高度为 130px。

```
#weather{
        height:...;
    }
```

（20）使用后代选择器设置后续几天的云图宽度和高度均为 60px。

```
#weather img{
        width:...;
        height:...;
    }
```

（21）使用元素选择器设置空气质量所在盒子的宽度为 60px，上下外边距为 12px、左右外边
距自动，盒子 4 个圆角半径为 7px，盒子背景颜色为#6C6。

```
p{
    width:...;
    margin:...;
    border-radius:...;
    background-color:...;
    }
```

（22）使用类选择器设置当天空气质量所在盒子的背景颜色为#393。

```
.active{
    background-color: #393;;
    }
```

# 3.8　实验总结

　　本实验主要使用了<table>、<caption>、<tr>、<td>、<h2>、<h3>、<img>和<p>标签，以及元
素、ID、类、后代和并集等选择器。通过<table>、<tr>、<td>标签以及<td>的 colspan 和 rowspan
两个标签属性共同构建了表格结构。标题则使用了<caption>和<h2>来共同设置，其中<h2>主要是
通过使用其默认的字号并加粗上、下外边距，来达到对标题的加大加粗，且与表格具有一定的间
距等外观表现效果。<h3>则用来设置当天的日历，目的和标题使用<h2>一样。<img>用于插入各
个云图。<p>是为了便于设置空气质量的各个外观表现使用添加的。通过各个选择器设置表格、
盒子、字体、文本颜色、文本对齐以及背景颜色等 CSS 属性实现了表格及相关内容的外观表现，
并使用了链接的方式将 CSS 样式应用到 HTML 文档中。

# 实训 4

# 使用 JavaScript+CSS 创建对联及页角广告

## 4.1 实验目的

◇ 掌握<div>的使用和超链接的创建。
◇ 掌握使用 CSS 背景颜色、盒子大小、盒子相对浏览器水平居中等样式设置。
◇ 掌握元素定位排版，CSS 在 HTML 页面中的应用方式。
◇ 掌握 JavaScript 函数的定义及调用，以及使用 JavaScript 实现盒子的隐藏。
◇ 掌握在 HTML 页面中将 JavaScript 脚本嵌入 HTML 文档方式。

## 4.2 实验环境

◇ 开发工具：Dreamweaver、WebStorm 等工具。
◇ 运行环境：Google Chrome 浏览器。

## 4.3 实验内容

在网页的两端对称创建一个对联广告，以及在浏览器窗口左下角或右下角创建一个页角广告，广告相对于浏览器的位置固定不变，即广告不会随滚动条的滚动而改变位置，并且用户可通过单击文本超链接"关闭广告"自行关闭广告。对联广告和页角广告的效果分别如图 4-1 和图 4-2 所示。

要求：

（1）网页及广告的所有外观表现全部使用 CSS 来设置。

（2）使用 JavaScript 脚本关闭广告。

图 4-1 对联广告

图 4-2 页角广告

# 4.4 相关知识点介绍

本实验主要涉及：<div>的使用，超链接的创建，背景颜色、字体族、字号、盒子大小、盒子相对浏览器水平居中等样式设置和元素定位排版，定义 JavaScript 函数，使用 DOM 技术获取 HTML 元素，实现盒子的显示与隐藏以及将 JavaScript 脚本嵌入 HTML 文档等知识点。

## 1. 元素的定位排版

定位是布局元素很常用的一个方法。定位元素需要使用 position 属性，通过该属性取不同的值来规定不同的定位方式。根据 position 属性的取值，定位可分为以下 4 种方式。

● 静态定位：当 position 属性取 static 值或不设置 position 属性时，元素进行静态定位。静态定位时，元素将按照标准流进行布局，即块级元素、行内元素、行内块元素等不同类型的元素将按照出现的先后顺序以及各自的默认特征在网页中进行排列显示：对于块级元素将会从上往下依次排列，而对于行内元素以及行内块元素，则会从左往右依次排列各个元素。

● 相对定位：当 position 属性取 relative 值时，元素进行相对定位。相对定位，指的是元素相对于自身原始位置进行偏移。元素相对定位后不会脱离文档流。相对定位的基本语法如下：

```
position: relative;
```

● 绝对定位：当 position 属性取 absolute 值时，元素进行绝对定位。绝对定位，是指将元素从文档流中脱离出来，相对其最近的一个已定位（相对、绝对或固定）的祖先元素进行绝对定位；

如果不存在这样的祖先元素，则相对于最外层的包含框进行定位。绝对定位元素的偏移设置和相对定位元素的偏移设置完全一样。绝对定位的基本语法如下：

```
position: absolute;
```

• 固定定位：当 position 属性取 fixed 值时，元素进行固定定位。固定定位，是指相对于浏览器可视窗口进行的定位，它的位置固定，不会随网页的移动而移动。固定定位的基本语法如下：

```
position: fixed;
```

元素进行相对定位、绝对定位和固定定位时都可以在定位时偏移，元素在定位偏移时需要相对于参照物的"左上角""左下角""右上角""右下角" 4 个顶角中的某个顶角来偏移，偏移量分别使用 "top" "right" "bottom" "left" 4个方向属性中至少一个来指定相对某个顶角的水平或垂直方向的偏移量。没有指定方向的偏移时，水平方向的偏移量默认为 left:0，垂直方向的偏移量默认为 top:0。方向属性的选择由相对顶角决定，比如相对"右上角"则需要选择"right"和"top"两个属性来分别指定水平方向和垂直方向的偏移量。偏移方向通过正负值来决定。取正值时，top 表示向下偏移，bottom 表示向上偏移，left 表示向右偏移，right 表示向左偏移；取负值时，各个属性的偏移刚好和正值时的偏移相反。

2. JavaScript 函数的定义及调用

（1）JavaScript 函数的定义。

JavaScript 函数实际上是一段可以随时随地运行的代码块。在 JavaScript 中，函数分为内置函数和用户自定义函数。内置函数是由 JavaScript 提供给开发人员可直接使用的函数。自定义函数由开发人员根据需要自行定义，可以定义两类函数：有名函数和匿名函数。自定义 JavaScript 函数需要使用关键字 function，定义有名函数时需要指定函数名称，定义匿名函数则不需要指定函数名称。

定义有名函数的基本语法如下：

```
function 函数名（[参数表]）{
    函数体;
    [return [表达式;]]
}
```

定义匿名函数有两种形式：函数表达式和事件注册。

函数表达式的定义基本语法如下：

```
var fn=function（[参数表]）{
    函数体;
    [return [表达式;]]
}
```

函数表达式将匿名函数赋给一个变量，这样，就可以通过这个变量来调用匿名函数。

事件注册的定义基本语法如下：

```
DOM 对象.事件=function（）{
    函数体;
}
```

• 函数中的参数表：可选。它是用小括号括起来的 0 个以上的参数，用于接收调用函数的参数传参，虚参可以接受任意类型的数据。没有参数时，小括号也不能省略；如果有多个参数，参数之间用逗号分隔。此时的参数就是一个变量，没有具体的值，因而称为虚参或形参。

- return[表达式]: 可选。执行该语句后将停止函数的执行，并返回指定表达式的值。其中的表达式可以是任意表达式、变量或常量。如果 return 语句或其中的表达式缺省，函数返回 undefined 值。
- 事件注册定义的匿名函数通常不需要 return 语句，并且一般没有参数。
- DOM 对象指的是使用 DOM 技术获取的 HTML 元素。有关 DOM 技术的介绍请参见的"3. 使用 DOM 技术获取 HTML 元素"内容。

（2）JavaScript 函数的调用。

函数定义后，并不会自动执行。函数的执行需要通过函数调用来实现。函数调用模式跟函数的定义方式有关。有名函数的调用方法是：在需要执行函数的地方直接使用函数名，并且使用具有具体值的参数代替虚参。函数调用时的参数称为实参。实参在内存中分配了对应的空间。

函数调用的基本语法如下：

```
函数名(实参列表);
```

函数表达式定义的匿名函数和有名函数的调用方法完全一样，此时函数表达式变量就是匿名函数的函数名。

而事件注册定义的匿名函数则会在绑定的事件触发时调用执行。如果绑定的事件永远不触发，则该匿名函数将永远不会调用。

函数调用执行前，会把函数调用语句中的实参传给虚参。实参列表可以包含任意类型的数据，如果实参没有给虚参传递程序需要的类型，则可能会导致程序运行出错；实参个数和虚参个数可以相同，也可以不同。如果参数个数相同，实参会对应传给虚参，即把实参赋值给虚参（变量）；如果实参个数少于虚参个数，实参首先按顺序一一对应传给虚参，没有实参对应的虚参，将会对应传 undefined 值；如果实参个数多于虚参个数，则多余的实参无效。

### 3. 使用 DOM 技术获取 HTML 元素

为了在 JavaScript 中操作 HTML 元素，首先需要获取元素。在 JavaScript 中获取 HTML 元素的技术称为 DOM（文档对象模型）。使用 DOM 技术可以随意增加、显示或隐藏一个元素，或改变元素的外观，实现动态的改变网页。

在 DOM 中，每个 HTML 文档都被组织成为一个树状结构，即每个 HTML 文档对应一棵 DOM 树，DOM 树中的每一块内容称为一个节点。常用的节点类型主要有 document 节点、元素节点、属性节点和文本节点。其中，document 节点位于最顶层，该节点对应整个 HTML 文档，是操作其他节点的入口。每个节点都是一个对应类型的对象，对 HTML 文档的操作可以通过调用 DOM 对象的相关 API（程序接口）来实现。

在 DOM 中，提供了一些方法用于获取 HTML 元素，常用的获取 HTML 文档元素的方式主要有以下 6 种：

- 用指定的 id 属性：document. getElementById（id 属性值）。
- 用指定的 name 属性：document. getElementsByName（name 属性值）。
- 用指定的标签名字：document | DOM 对象. getElementsByTagName（标签名）。
- 用指定的 CSS 类名：document | DOM 对象. getElementsByClassName（类名）。

- 用指定的 CSS 选择器：document | DOM 对象. querySelectorAll（选择器）找出所有匹配的元素。
- 匹配指定的 CSS 选择器：document | DOM 对象. querySelector（选择器）找出第一个匹配的元素。

使用 DOM 技术获得的各个 HTML 元素首先需要保存到某个变量中，然后通过操作该变量来实现对 HTML 元素的操作。使用变量时需要声明变量，有关变量的声明请参见下面的介绍。

**4. 变量声明**

变量，是指计算机内存中暂时保存数据的地方的符号名称，可以通过该名称获取对值的引用。变量可以任意命名，但必须符合：第一个字符必须是字母、下画线（_）或美元符号（$），标识符不能包含空格以及 "+" "-" "@" "#" 等特殊字符等命名规范。在程序中，对内存中数据的各种操作都是通过变量名来实现的。

JavaScript 变量声明方式有三种，分别是使用 var、let 和 const 关键字声明。

（1）使用 var 声明变量。

使用 var 可声明全局变量和局部变量。全局变量指的是在函数之外的地方使用 var 声明的变量。局部变量指的是在函数内使用 var 声明的变量。声明语法如下：

```
方式一：var 变量名;
方式二：var 变量名1,变量名2,...,变量名n;
方式三：var 变量名1 = 值1,变量名2 = 值2,...,变量名n = 值n;
```

语法说明：

① 使用 var 可以一次声明一个变量，也可以一次声明多个变量，不同变量之间使用逗号隔开。例如：

```
var name; /*一次声明一个变量*/
var name,age,gender; /*一次声明多个变量*/
```

② 声明变量时可以不赋初值，此时其值默认为 undefined；也可以在声明变量的同时初始化变量。例如：

```
var name = "张三"; /*声明的同时初始化变量*/
var name = "张三",age = 20,gender; /*在一条声明中初始化部分变量*/
var name = "张三",age=20,gender = '女'; /*在一条声明中初始化全部变量*/
```

③ 变量的具体数据类型根据所赋的值的数据类型来确定，例如：

```
var message = "hello";/*值为字符串类型，所以 message 变量的类型为字符串类型*/
var message = 123; /*值为数字类型，所以 message 变量的类型为数字类型*/
Var message = true; /*值为布尔类型，所以 message 变量的类型为布尔类型*/
```

（2）使用 let 声明变量。

使用 let 可以声明块级变量。块级变量指的是在判断语句或循环语句的语句块中声明的变量。声明变量的格式和 var 声明变量的格式一样存在三种方式，语法如下：

```
方式一：let 变量名;
方式二：let 变量名1,变量名2,...,变量名n;
方式三：let 变量名1 = 值1,变量名2=值2,...,变量名n = 值n;
```

使用 let 声明变量的示例如下：

```
let age;
let age = 32,name = "Tom";
```

（3）使用 const 声明变量。

使用 const 可以声明常量。常量在脚本代码的整个运行过程中保持不变。声明格式如下：

```
const 变量名 = 值;
```

使用 const 声明变量时，必须给变量赋值，并且该值在整个代码的运行过程中不能被修改。另外，变量也不能被重复多次声明。

### 5. 盒子的显示和隐藏设置

对盒子的显示和隐藏设置可通过对样式属性 display 设置不同的值来实现。当 display 取 none 值时将隐藏盒子，而 display 取 block、inline、inline-block 等不同的值时，将会以相应元素类型显示盒子。从技术角度来说，设置盒子的显示和隐藏有三种方式，分别为：纯 CSS、纯 JavaScript 及 CSS+JavaScript。

（1）使用纯 CSS 设置盒子的显示及隐藏。

该方式是通过选择器选择相应的盒子，并使用 display 样式属性进行相应值的设置。这种方式一般用来设置盒子的初始状态。语法如下：

```
选择器 1{
    /*将盒子显示为块级或行内或行内块级……元素*/
    display:block | inline | inline-block...;
}
选择器 2{
    display:none;/*隐藏盒子*/
}
```

示例如下：

```
HTML 代码：
<div id="div1">DIV</div>
```

```
CSS 代码：
#div1{
    display:none;/*隐藏 div 元素*/
}
```

上述代码使 div 元素在初始状态下不显示。

（2）使用纯 JavaScript 设置盒子的显示或隐藏。

使用纯 JavaScript 实现盒子的显示或隐藏,通过设置盒子对象 style 属性的 display 属性相应的值来达到。这种方式用来实现盒子的动态样式，语法如下：

```
/*将盒子显示为块级或行内或行内块级……元素*/
DOM 对象.style.display="block | inline | inline-block...";

/*隐藏盒子*/
DOM 对象.style.display="none";
```

示例如下：

```
HTML 代码：
<div id="div1">DIV</div>
```

```
JavaScript 代码:
var oDiv = document.getElementById('div1');/*获得 HTML 元素*/
oDiv.onclick = function(){
    this.style.display="none";/*隐藏 div 元素*/
}
```

上述代码在单击 div 元素时将使 div 元素消失不见（div 元素隐藏起来了）。

（3）使用 CSS+JavaScript 设置盒子的显示或隐藏。

如果希望 display 样式代码为内嵌或外部 CSS 代码，同时又能使用 JavaScript 来动态改变盒子的显示状态，就需要使用 CSS+JavaScript 的方式来进行设置。此时首先在 CSS 中使用类选择器设置 display 样式代码，然后在 JavaScript 代码中通过盒子对象的 className 属性来引用类选择器名。语法如下：

```
类选择器 1{
    /*将盒子显示为块级或行内或行内块级……元素*/
    display:block | inline | inline-block...;
}
类选择器 2{
    display:none;/*隐藏盒子*/
}

DOM 对象.className="类选择器 1 名称";/*将盒子显示为块级或行内或行内块级……元素*/
DOM 对象.className="类选择器 2 名称";/*隐藏盒子*/
```

示例如下：

```
HTML 代码:
<div>div1<div>
<div>div2</div>

CSS 代码:
.hide{
    display:none;/*隐藏盒子*/
}
.show{
    display:block;/*将盒子显示为块级元素*/
}

JavaScript 代码:
/*获取 HTML 代码中所有标签名为 div 的元素*/
var aDiv = document.getElementsByTagName("div");
aDiv[0].onmouseover = function(){
    aDiv[1].className="hide";/*将鼠标移到第一个 div 上时隐藏第二个 div*/
};
aDiv[0].onmouseout = function(){
    aDiv[1].className="show";/*将鼠标移出第一个 div 上时显示第二个 div*/
};
```

　　上述代码实现的功能是：在初始状态下，两个 div 都显示，但当将鼠标移到第一个 div 时，第二个 div 会隐藏；而将鼠标移出第一个 div 时，第二个 div 又会显示。

#### 6. 在 HTML 文档中嵌入 JavaScript 脚本

　　在网页中嵌入脚本的方式主要有以下三种：

- 一是在 HTML 标签的事件等属性中直接添加脚本代码，示例如下：

```
<input type="button" onClick="javascript:alert('您好');" value="问候"/>
<a href="javascript:colse()">关闭</a>
```

　　上述示例代码中，当单击按钮时将执行 JavaScript 脚本，弹出警告对话框；而单击超链接时，将调用 close()脚本函数。注意：这种方式现在已不建议使用了，只在极其简单的情况下还会使用这种方式嵌入 JavaScript 脚本。

- 二是使用<script>标签在网页中直接插入脚本代码。

　　这种方式首先需要在头部区域或主体区域的恰当位置添加<script></script>标签对，然后在<script></script>标签对之间根据需求添加相关脚本代码。使用语法如下：

```
<script type="text/javascript">
    ...        /*在这里放置具体的 JavaScript 脚本代码*/
</script>
```

　　type 属性规定脚本的 MIME 类型，通常取"text/javascript"，也会经常省略这个属性。

- 三是使用<script>标签引用外部脚本文件。

　　如果同一段 JavaScript 代码需要在若干网页中使用，则可以将 JavaScript 代码放在单独的一个以.js 为扩展名的文件（脚本文件）里，然后在需要该文件的网页中使用<script>标签引用该 js 文件。

```
<script type="text/javascript" src="JavaScript 脚本文件"></script>
```

　　本实训的相关知识点主要介绍这么多，其他知识点的介绍请参见前面实训的相关介绍。

# 4.5　实验分析

　　通过分析可知，图 4-1 和图 4-2 所示的网页涉及两大块内容，一个是网页内容，一个是广告。这两大块内容可分别使用 div 来组织。由实验内容描述可知，每个广告中还包含一个用于实现关闭广告的超链接，其中的源端点为"关闭广告"文本。为了方便对源端点文本进行字号及背景颜色等样式的设置，我们对源端点文本添加一个<span>修饰标签。

　　网页中每块内容包括超链接的源端点文本都具有背景颜色，所以需要对相应的 div 和 span 进行背景颜色设置。另外，由"网页内容"和"广告内容"组成的文本都和各自的 div 盒子的边框具有一定的间距，很明显这是由盒子设置相应的内边距得到的效果。图 4-1 和图 4-2 中的网页内容都在浏览器中水平居中，可知需要对网页内容的容器盒子进行相对浏览器水平居中设置。"网页内容"及"广告内容"文字的字号可不设，使用默认的字号（16px）即可，而超链接的源端点文本的字号则是一个小于 16px 的值。网页所有文字的字体族设置为微软雅黑即可。

　　实验内容描述为每个广告在网页中的位置固定，不会随浏览器滚动条的滚动而改变位置，每个广告都相对于浏览器进行定义，即固定定位。另外，由图 4-1 和图 4-2 所示的运行结果可看出，实现关闭广告的超链接的源端点文本是叠加到广告盒子上的，可见超链接的源端点文本也进行了定位设置，并且是相对于广告盒子的定位，即绝对定位。

实验要求广告的关闭功能使用 JavaScript 来实现，可见需要在网页中嵌入脚本。而关闭广告的功能可以通过单击"关闭广告"超链接时调用一个 JavaScript 函数来实现。而使用 JavaScript 脚本关闭广告其实是通过 JavaScript 编写相应的样式代码来隐藏广告盒子，所以调用的 JavaScript 函数中应包含使用 DOM 技术获取广告盒子对象以及隐藏广告盒子的相关代码。

# 4.6　实验思路

创建对联广告页面和页角广告页面时，分别在<body></body>标签对之间首先添加一个<div>容纳网页内容，然后对每一个广告添加一个<div>标签用于容纳广告内容和一个用于关闭广告的超链接。同时对关闭广告的超链接源端点文本添加修饰标签<span>。为便于对页面中的各个元素进行相应的样式设置，对一些标签应添加 ID 名或类名。

使用元素、ID 或类等选择器设置大小、背景颜色、字号、字体族、内边距及盒子相对浏览器水平居中等样式，并对广告 div 进行固定定位，对对联广告中的超链接源端点文本进行右下角的绝对定位；对页角广告中的超链接源端点文本进行右上角的绝对定位。使用链接方式将上述样式设置代码应用到 HTML 文档中。另外在页面的头部区域添加<script></script>标签对，在其中定义 JavaScript 函数实现单击超链接时关闭广告功能，并通过脚本超链接来调用 JavaScript 函数。

# 4.7　实验指导

## 1．创建对联广告

（1）新建一个 HTML 文档，并将文档标题设置为"对联广告"。

（2）在文档的头部区域添加以下代码链接外部 css 文件：

```
<link rel="stylesheet" type="text/css" href="css/ad1.css"/>
```

（3）在文档的主体区域<body></body>标签对之间添加三个<div>以及两个包含<span>的超链接，同时给相应的 div 增加 id 名，得到以下 HTML 结构代码：

```
<body>
    <div id="content">...</div>
    <div id="ad1">
      ...
      <a href="javascript:closeWindow('ad1')"><span>...</span></a>
    </div>
    <div id="ad2">
      ...
      <a href="javascript:closeWindow('ad2')"><span>...</span></a>
    </div>
</body>
```

（4）根据图 4-3 所示结果对上述结构代码补充内容。

（5）在当前 HTML 文档同一目录下创建 css 文件夹，并在 css 文件夹中创建 ad1.css 样式文件，然后在 ad1.css 中分别编写下面第（6）步～第（10）步中的 CSS 代码。

图 4-3 对联广告

（6）使用元素选择器设置网页文字的字体为微软雅黑。

```
body{
    font-family:...;
}
```

（7）使用 ID 选择器设置网页内容 div 的宽度为 600px，高度为 760px，4 个方向的内边距为 20px，背景颜色为#CFF，div 相对浏览器水平居中。

```
#content{/*设置页面内容盒子样式*/
    width:...;
    height:...;
    background:...;
    padding:...;
    margin:...;/*设置页面内容水平居中*/
}
```

（8）使用并集选择器设置两个广告 div 的宽度为 120px，高度为 170px，背景颜色为#9CF，4 个方向的内边距为 10px，固定定位，其中左端的广告 div 相对浏览器左上角的偏移量为（0,60px），右端的广告 div 相对浏览器右上角的偏移量为（0,60px）。

```
#ad1,#ad2{/*设置左、右两端广告为固定定位排版，广告距离浏览器上边框为 60px*/
    position:...;
    top:...;
    width:...;
    height:...;
    padding:...;
    background:...;
}

/*设置左、右两端广告 div 分别距离浏览器左、右边框为 0px*/
#ad1{
    left:...;
}
#ad2{
    right:...;
}
```

（9）使用元素选择器设置超链接的源端点文本颜色为白色，没有下画线。

```
a{
    color:...;
```

```
      text-decoration:...;
  }
```

（10）使用元素选择器设置源端点文本字号为 10px，背景颜色为#999，相对广告 div 右下角绝对定位，并且没有偏移量。

```
span{/*设置关闭按钮盒子样式*/
    position:absolute;
    bottom:0;
    right:0;
    font-size:10px;
    background-color:#999;
}
```

（11）在页面的头部区域添加<script></script>标签对，并在其中定义 JavaScript 函数实现广告div 的隐藏。

```
<script>
    function ...(idname){/*根据前面第 3 步中的相关代码补充 JavaScript 函数名*/
      var win = ...; /*使用元素的 ID 名获取元素*/
      ...;/*设置上面通过 ID 名获取的 div 对象的 style 属性的 display 属性的值为 none*/
  }
</script>
```

## 2. 创建页角广告

（1）新建一个 HTML 文档，并将文档标题设置为"页角广告"。

（2）在文档的头部区域添加以下代码链接外部 css 文件。

```
<link rel="stylesheet" type="text/css" href="css/ad2.css"/>
```

（3）在文档的主体区域<body></body>标签对之间添加两个<div>以及一个包含<span>的超链接，同时给相应的 div 增加 id 名，得到以下 HTML 结构代码：

```
<body>
  <div id="content">...</div>
  <div id="ad">
    ...
    <a href="javascript:closeWindow('ad')"><span>...</span></a>
  </div>
</body>
```

（4）根据图 4-4 所示结果对上述结构代码补充内容。

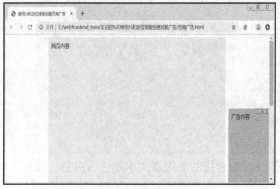

图 4-4　页角广告

（5）在 css 文件夹中创建 ad2.css 样式文件，然后在 ad2.css 中分别编写下面第（6）步～第（10）步中的 CSS 代码。

（6）使用元素选择器设置网页文字的字体为微软雅黑。

```
body{
    font-family:...;
}
```

（7）使用 ID 选择器设置网页内容 div 的宽度为 600px，高度为 760px，4 个方向的内边距为 10px，背景颜色为#CFF，div 相对浏览器水平居中。

```
#content{/*设置页面内容盒子样式*/
    width:...;
    height:...;
    background:...;
    padding:...;
    margin:...;/*设置页面内容水平居中*/
}
```

（8）使用 ID 选择器设置广告 div 的宽度为 120px，高度为 170px，背景颜色为#9CF，4 个方向的内边距为 10px，固定定位，并且广告 div 相对浏览器右下角的偏移量为 0。

```
#ad{/*设置广告div为固定定位排版，并且广告div相对浏览器右下角的偏移量为0*/
    position:...;
    bottom:...;
    right:...;
    width:...;
    height:...;
    padding:...;
    background:...;
}
```

（9）使用元素选择器设置超链接的源端点文本颜色为白色，没有下画线。

```
a{
    color:...;
    text-decoration:...;
}
```

（10）使用元素选择器设置源端点文本字号为 10px，背景颜色为#999，相对广告 div 右上角绝对定位，并且偏移量为 0。

```
span{/*设置关闭按钮盒子样式*/
    position:...;
    top:...;
    right:...;
    font-size:...;
    background-color:...;
```

（11）在页面的头部区域添加<script></script>标签对，并在其中定义 JavaScript 函数实现广告 div 的隐藏。

```
<script>
    function ...(idname){/*根据前面第3步中的相关代码补充JavaScript函数名*/
        var win = ...; /*使用元素的ID名获取元素*/
```

```
    ...;/*设置使用上面通过 ID 名获取的 div 对象的 style 属性的 display 属性的值为 none*/
  }
<script>
```

# 4.8　实验总结

本实验主要使用了<div>、<a>和<span>标签。其中<div>主要作为容器来容纳网页内容和广告内容；<a>用于创建脚本超链接，实现单击超链接时调用 JavaScript 函数隐藏广告；而<span>则作为超链接源端点文本的修饰性标签，便于对源端点文本进行样式设置。

元素的样式设置主要使用了元素、ID 和并集选择器，实现了字号、字体族、内边距、背景颜色、盒子大小、盒子相对浏览器水平居中、广告 div 相对浏览器的固定定位以及超链接源端点文本相对广告 div 的绝对定位等样式设置，并使用了链接的方式将 CSS 样式应用到 HTML 文档中。

本实验使用了 JavaScript 实现关闭广告的功能，该功能由一个自定义的 JavaScript 函数来实现，函数是在单击脚本超链接时调用执行。本实验分别使用了<a>的 href 属性和内嵌两种方式将 JavaScript 代码嵌入 HTML 页面。

对比 ad1.css 和 ad2.css 两个文件的 CSS 代码，我们发现绝大部分代码是相同的，只有少数代码不同，因此这两个文件存在很多冗余代码。为此我们可以将这两个整合为一个 css 文件。整合时又有两种处理方法，一种是直接将两个文件中相同的部分保留一份，另一种是在第一种方法的基础上进一步精简代码，这是因为两个页面中的广告 div 样式使用了不同的 ID 选择器进行设置，但这两个页面中广告 div 的样式有一些是相同的，为此可以在整合时给这些广告 div 设置相同的类名，然后将广告 div 中相同的样式抽取出来作为类名为选择器的样式。如果广告 div 中相同的样式代码不多，则使用第一种方法整合，性能也差不多。

另外，我们看到对联广告和页角广告两个页面中嵌入的 JavaScript 代码完全相同，所以同样存在冗余代码，不过由于冗余的 JavaScript 代码量并不多，所以对性能的影响不大。如果冗余的 JavaScript 代码比较多，这时就应该将 JavaScript 代码从 HTML 页面中抽取出来放到一个 js 文件中，然后通过<script src="xxx/xxx.js"></script>来引用该 js 文件。

# 实训 5

# 使用 HTML5 文档结构元素及经典
# 网页布局版式布局网页

## 5.1　实验目的

◇　掌握 HTML5 文档结构标签、<header>、<aside>、<nav>、<section>等的使用及经典版式布局网页。

◇　掌握使用 CSS 进行盒子外观、盒子相对浏览器水平居中等样式设置，盒子浮动排版及 CSS 在 HTML 页面中的应用方式。

◇　掌握 JavaScript 函数定义及调用、Date 对象的创建和使用、JavaScript 数组的创建和使用、使用 DOM 对象的 innerHTML 属性设置元素内容。

◇　掌握将 JavaScript 函数嵌入 HTML 文档。

## 5.2　实验环境

◇　开发工具：Dreamweaver、WebStorm 等工具。
◇　运行环境：Google Chrome 浏览器。

## 5.3　实验内容

使用 HTML5 文档结构元素及经典网页的布局版式布局网页，效果分别如图 5-1 和图 5-2 所示。

要求：

（1）网页的所有外观表现全部使用 CSS 来设置。

（2）图 5-1 所示页眉上的时间与系统时间同步，通过 JavaScript 来获取并显示。

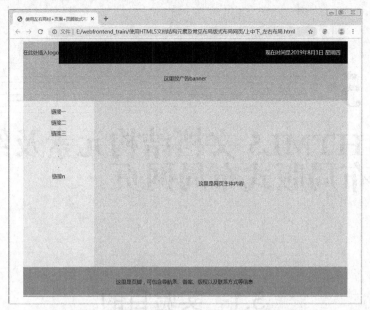

图 5-1　使用左右两栏+页眉+页脚版式布局的网页

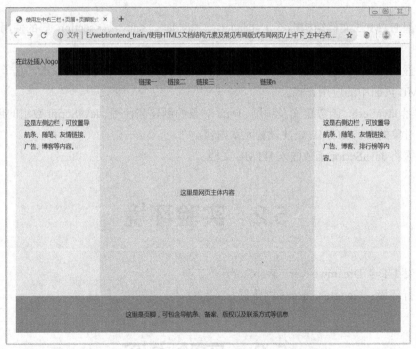

图 5-2　使用左中右三栏+页眉+页脚版式布局的网页

# 5.4　相关知识点介绍

本实验涉及了 HTML、CSS 和 JavaScript 三个方面的知识点。HTML 方面包括：HTML5 文档结构标签&lt;header&gt;、&lt;section&gt;、&lt;aside&gt;、&lt;footer&gt;等的使用及经典网页布局版式等知识点。CSS

方面包括：盒子内外边距、盒子相对浏览器水平居中和盒子浮动排版等样式设置等知识点。
JavaScript 方面包括：JavaScript 数组的创建及访问，Date 对象的创建和使用，使用 DOM 对象的
innerHTML 属性设置元素内容等知识点。

### 1. HTML5 文档结构标签

HTML5 新增了几个专门用于表示文档结构的标签，如：<header>、<footer>、<section>、
<article>、<aside>和<nav>等标签。使用这些标签可以使页面代码更加易读，同时也能使搜索引擎
更好地理解页面各部分之间的关系，从而更快、更准确地搜索到我们需要的信息。

（1）<header>标签。

<header>标签定义了页面或内容区域的头部信息。如：放置页面的站点名称、Logo、导航条、
搜索框、登录按钮等放置在页面头部的内容及内容区域的标题等都可以包含在 header 元素中。使
用语法如下：

```
<header>头部相关信息</header>
```

<header>示例如下：

```
<body>
  <header>
    <h1>网站名称</h1>
    <nav>...</nav>
  </header>
  <article>
    <header>
      <h3>文章标题</h3>
    </header>
    ...
</article>
</body>
```

上述代码中，<header>既用于设置网站名称和导航条，又用于设置文章标题。

（2）<article>标签。

<article>标签用于表示页面中一块独立、完整的相关内容块，可独立于页面其他内容使用。
如一篇完整的论坛帖子、一篇博客文章、一条用户评论、一则新闻等。一般来说，article 包含一
个 header（包含标题部分），以及一个或多个 section，有时也会包含 footer 和嵌套的 article。使用
语法如下：

```
<article>独立内容</article>
```

<article>示例如下：

```
<body>
  <article>
    <h2>写给 IT 职场新人的六个"关于"</h2>
    <p>
      <h3>关于工作地点</h3>
      ...
    </p>
    <p>
      <h3>关于企业</h3>
      ...
```

```
    </p>
    ...
  </article>
</body>
```

上述代码的文章中包含了标题和多个段落。

（3）<section>标签。

<section>标签用于对页面上的内容进行分块，如将文章分为不同的章节、将页面内容分为不同的内容块。使用语法如下：

```
<section>块内容</section>
```

<section>示例如下：

```
<body>
  <article>
    <h2>写给 IT 职场新人的六个"关于"</h2>
    <section id="workplace">
      <h3>关于工作地点</h3>
      <p>...</p>
    </section>
    <section id="company">
      <h3>关于企业</h3>
      <p>...</p>
    </section>
    ...
  </article>
</body>
```

上述代码使用多个 section 元素将一篇文章分成了几块，其中每块又包含标题和内容。

（4）<nav>标签。

<nav>标签用于定义页面上的各种导航条，一个页面中可以拥有多个 nav 元素，作为整个页面或不同部分内容的导航。使用语法如下：

```
<nav>导航条</nav>
```

<nav>示例如下：

```
<body>
  <header>
    <nav>
      <a href="#">首页</a>
      <a href="#">课程</a>
      <a href="#">VIP 会员</a>
      <a href="#">关于我们</a>
      <a href="#">论坛</a>
      <a href="#">留言</a>
    </nav>
  </header>
  ...
</body>
```

<nav>标签只针对导航条来使用，既可以用于创建整个网站的导航条，也可以用于创建页面

内容的导航条。当超链接不作为导航条时，不应使用<nav>。

（5）<aside>标签。

<aside>标签用于定义当前页面或当前文章的附属信息部分，可以包含与当前页面或主要内容相关的引用、相关内容的链接、广告、导航条等内容。这些内容通常放在主要内容的左、右两侧，因而也称为侧边栏内容。使用语法如下：

```
<aside>侧边栏内容</aside>
```

<aside>示例如下：

```
<body>
  ...
  <aside>
    <h2>热点新闻</h2>
    <ul>
    <li><a href="#">"女神"翻译张璐：如果多给我一秒，都能翻译得更好</a></li>
    <li><a href="#">武汉大学樱花绚烂绽放铺排绵延宛若云带</a></li>
      ...
    </ul>
  </aside>
  ...
</body>
```

上述代码生成的热点新闻将作为侧边栏内容。

（6）<footer>标签。

<footer>标签主要用于为页面或某篇文章定义脚注内容，包含与页面、文章或是部分内容有关的信息，如文章的作者或者日期，页面的版权、网站备案、链接等内容。使用语法如下：

```
<footer>页脚内容</footer>
```

<footer>示例如下：

```
<body>
  ...
  <footer>
    ...
    <p>
      <a href="#">联系我们</a>
    </p>
    <p>
      <span>京 ICP 备×××号-1 2019-2026 ××× 版权所有</span>
    </p>
  </footer>
</body>
```

上述代码页面设置了网站的联系方式和版权等信息。

## 2. 浮动排版

默认情况下，页面元素将按所属类型默认的排列规则在页面中排列元素，例如一个块级元素默认独占一行，在水平方向会自动伸展，直到包含它的父级元素的边界；在垂直方向上和兄弟元素依次排列，不能并排。而行内元素不会独占一行，在水平方向和兄弟元素依次排列，直到一行排不下了才会换行排列。这种按元素的默认排列规则排列的方式称为标准流排版。改变元素默认的排版方式，最常用的有浮动排版和定位排版两种方式。定位排版在实训 4 中介绍过了，在此不再赘述。下面主要介绍浮动排版。

浮动排版涉及两方面的内容：浮动设置和浮动清除。元素的浮动需要使用"float"属性来设置。该属性常用值为"left"和"right"，分别表示向左和向右浮动。设置语法如下：

```
选择器{
    float: left | right;
}
```

 样式选择器选择的是需要浮动的元素。

元素被设置浮动后，浮动元素向指定的方向移动，直到它的外边缘碰到包含框或另一个浮动框的边框为止。元素一旦被设置为浮动，浮动元素可被视为行内块级元素。此时元素不设置宽高时，宽高由内容撑开，并且不会独占一行，向同一方向浮动的元素形成流式布局；排满一行或一行剩下的空间太窄无法容纳后续浮动元素排列时，自动换行。元素设置浮动后，会脱离文档流，此时文档流中处于浮动元素后面的块级元素表现得就像浮动元素不存在一样，上移到浮动元素原来的位置。所以如果不正确设置外边距，将会发生文档流中的元素和浮动元素重叠现象。

当元素设置为浮动后，显示在浮动元素下方的块级元素都会在网页中上移。如果上移的元素中包含文字，则这些文字将环绕在浮动元素的周围，这时有可能会使网页的布局面目全非。此时就需要对浮动元素下方的块级元素进行浮动清除。浮动清除需要使用"clear"属性来实现。该属性常用值为"left""right""both"，分别表示"在元素左侧不允许有浮动元素""在元素右侧不允许有浮动元素""在元素左右两侧不允许有浮动元素"。设置语法如下：

```
选择器{
    clear: left | right | both;
}
```

 样式选择器选择的是 HTML 文档中出现在浮动元素后面的元素。

有关元素浮动和清除的示例如下：

```
<style>
    .ft {
        float: left;/*元素向左浮动*/
        width: 100px;
        background: #34D1F9;
    }
    .notFt {
        width: 150px;
        background: yellow;
        clear: left;/*清除元素左侧的浮动元素*/
    }
</style>
</head>
<body>
```

```
    <div class="ft">浮动元素</div>
    <div class="notFt">文档流元素</div>
</body>
```

## 3. 经典的网页布局版式

经典网页的布局版式主要有：左右两栏+页眉+页脚和左中右三栏+页眉+页脚。这两种版式的布局结构分别如图 5-3 和图 5-4 所示。

图 5-3　左右两栏+页眉+页脚版式

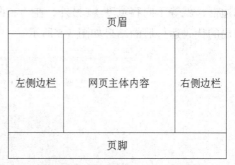

图 5-4　左中右三栏+页眉+页脚版式

下面将分别介绍图 5-3 和图 5-4 所示版式的页面结构代码及布局的 CSS 代码。

（1）左右两栏+页眉+页脚版式的页面结构代码和布局的 CSS 代码

- 页面结构代码。

```
<body>
  <div class="container">
    <header>...</header>
    <section class="main">
      <aside class="aside">...</aside>
      <section class="content">...</section>
    </section>
    <footer>...</footer>
  </div>
</body>
```

- 布局的 CSS 代码。

在此主要介绍中间主体内容布局的 CSS 代码。左、右两栏的布局有多种方式，每种布局的 CSS 代码都会有所不同。常用的两栏布局方式有：浮动+静态排版、纯粹浮动排版和定位排版这三种方式。下面将分别介绍这些布局涉及的 CSS 代码。

① 浮动+静态排版的 CSS 代码。

```
.container{
    width:800px;
    margin:0 auto;
}
.aside{
    float:left;/*向左浮动*/
    width:150px;
    height:300px;
    background:#cff;
}
.content{
```

```
    width:650px;
    height:300px;
    background:#fcc;
    margin-left:150px;/*在左边给浮动元素腾出 150px 的空间*/
}
```

这种布局方式，需要设置左栏向左浮动，右栏则使用静态布局，但需要设置右栏的左外边距至少等于左栏盒子空间的宽度（左栏的左、右内边距+左、右边框宽度+内容宽度，如果没设置内边距和边框，就等于内容宽度）。另外，左、右两栏的内、外边距也可以根据具体的需求来设置。上述布局的代码运行后的结果如图 5-5 所示。

图 5-5　左、右两栏版式

② 纯粹浮动排版的 CSS 代码。

```
.container{
    width:800px;
    margin:0 auto;
}
.aside{
    float: left;/*向左浮动*/
    width: 150px;
    height: 300px;
    background: #cff;
}
.content{
    float:right;
    width:650px;
    height: 300px;
    background: #fcc;
}
```

这种布局方式，需要设置左、右两栏分别向左和向右浮动，布局效果和图 5-5 完全一样。

③ 定位排版的 CSS 代码。

```
.container{
    width:800px;
    margin:0 auto;
}
.main{
    position:relative;/*设置相对定位，便于子元素相对它进行绝对定位*/
```

```
    }
    .aside{
        position:absolute;/*相对于父元素 section 的左上角绝对定位*/
        left:0;
        top:0;
        width: 150px;
        height: 300px;
        background: #cff;
    }
    .content{
        postion:absolute;/*相对于父元素 section 的右上角绝对定位*/
        right:0;
        top:0;
        width:650px;
        height: 300px;
        background: #fcc;
    }
```

这种布局方式，需要首先设置左、右两栏的父元素 section 为相对定位，然后设置左栏相对该 section 的左上角绝对定位，右栏相对 section 的右上角绝对定位，并且偏移量都为 0。布局效果和图 5-5 完全一样。

（2）左中右三栏+页眉+页脚版式的结构代码和布局的 CSS 代码。

这种版式的布局方式也有多种，比如浮动+静态排版布局、"圣杯"布局 和"双飞翼"布局等方式。限于篇幅，在此只介绍浮动+静态排版布局方式，对"圣杯"布局 和"双飞翼"布局方式有兴趣的读者，可查阅笔者主笔的《前端 HTML+CSS 修炼之道》一书。

- 页面结构代码。

```
<body>
  <div class="container">
    <header>...</header>
    <section class="main">
      <aside class="left">...</aside>
      <aside class="right">...</aside>
      </*中间栏必须放在左、右侧边栏之后*/>
      <section class="middle">...</section>
    </section>
    <footer>...</footer>
  </div>
</body>
```

需要特别注意：要使用下面介绍的"浮动+静态排版"方式布局左中右三栏版式，就必须确保中间栏的 HTML 代码放置在两个侧边栏的 HTML 代码后面。

- 浮动+静态排版布局的 CSS 代码。

```
.container{
    width:800px;
    margin:0 auto;
}
.left{
    float:left;/*向左浮动*/
    width:150px;
```

```
    height:300px;
    background:#cff;
 }
.right{
    float:right;/*向右浮动*/
    width:150px;
    height:300px;
    background:#cff;
}
.middle{
    height:300px;
    background:#fcc;
    margin:0 150px;/*在左、右两侧分别为浮动元素腾出 150px 的宽度*/
}
```

这种布局方式，需要设置左、右两边的侧边栏分别向左和向右浮动，中间一栏则使用静态布局，但需要设置该栏的左、右外边距至少分别等于左、右侧边栏的盒子空间的宽度。另外，左、右两栏的内、外边距也可以根据具体的需求来设置。上述布局的代码运行后的结果如图 5-6 所示。

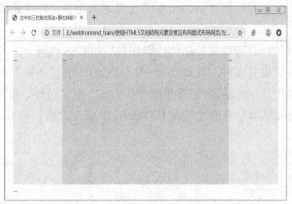

图 5-6    左中右三栏版式

### 4. 使用 DOM 对象的 innerHTML 属性设置 HTML 元素的内容

使用 DOM 对象的 innerHTML 属性，可以动态地访问或设置元素的内容（包括子元素）。访问元素的 HTML 内容时，在 JavaScript 代码直接读取元素的 DOM 对象引用的 innerHTML 属性值即可，而设置元素的 HTML 内容时，在 JavaScript 代码中将值赋给 DOM 对象引用的 innerHTML 属性。设置和访问元素内容的格式分别如下：

设置元素内容：DOM 对象.innerHTML = 某个值;

访问元素内容：DOM 对象.innerHTML

使用 innerHTML 访问和设置元素内容的示例如下：

```
<body>
  <div><p>这是出现在第一个 div 中的段落</p></div>
  <div></div>
  <script>
    var aDiv = document.getElementsByTagName('div');
    console.log(aDiv[0].innerHTML); /*访问元素内容*/
    aDiv[1].innerHTML="<h3>这是第二个 div 元素的内容</h3>";/*设置元素内容*/
```

```
    </script>
    </body>
```

上述代码在执行第一条 JavaScript 代码后将获取包含两个 div 对象的数组，数组中的第一个元素为第一个 div 对象，第二个元素为第二个 div 对象。执行第二条 JavaScript 代码后，将在浏览器的控制台上输出 "<p>这是出现在第一个 div 中的段落</p>"。在执行第三条 JavaScript 代码后，会将 "<h3>这是第二个 div 元素的内容</h3>" 设置为第二个 div 元素的内容，从而在浏览器中显示三级标题。

### 5. JavaScript 数组的创建及访问

JavaScript 数组是 JavaScript 的内置对象，对象名为 Array。它的作用是可以用一个变量存储一系列相同或不同类型的数据，其中存储的每个数据称为数组元素。

（1）数组的创建。

使用数组存储数据之前必须先创建 Array 对象。创建 Array 对象有多种方式，下面列出两种常用方式：

```
方式一：var 数组对象名 = [元素 1,元素 2,...,元素 n];
方式二：var 数组对象名 = new Array(元素 1,元素 2,...,元素 n);
```

方式一是一种较简洁的数组创建方法，方式二则是一种较正式的数组创建方法。这两种创建方式都返回新创建并被初始化了的数组对象，它们都使用参数指定的值初始化数组，元素个数（也叫数组长度）为参数的个数。这两种方式效果一样，但由于方式一更简洁，在实际应用中更常用。

数组创建示例：

```
var hobbies1 = ["旅游","运动","音乐"];
var hobbies2 = new Array("旅游","运动","音乐");
```

上面示例代码创建了两个包含三个元素的数组对象。

（2）数组元素的引用。

数组中存储的每个元素都有一个位置索引（也叫下标），数组下标从 0 开始，到数组长度-1结束，即第一个元素的下标为 0，最后一个元素的下标为数组长度-1。引用数组元素时可以通过数组名和下标来实现，引用格式如下：

```
数组名[元素下标]
```

例如：一个包含三个元素的名为 arr 的数组，可分别通过：arr[0] 、arr[1]和 arr[2]来引用。

（3）数组的访问。

访问数组有两种方式：一是直接访问数组名，此时将返回数组中存储的所有元素值。如 alert(hobbies1)，该语句执行后将在警告对话框中输出上面示例创建的 hobbies1 数组中存储的所有元素值：旅游、运动、音乐。二是使用数组名加下标访问，此时将返回数组下标对应的数组元素值。如 alert(hobbies1[1])，该语句执行后将在警告对话框中输出 "运动"。

（4）数组的常用属性。

length 属性是数组的一个常用属性，用来表示数组的长度（即数组元素个数）。获取数组长度时，需要通过数组对象来引用 length。如 alert(hobbies1.length)，该语句执行后将在警告对话框中输出 3。

### 6. Date 对象

Date 是 JavaScript 的一个内置对象，该对象用于处理时间。

（1）Date 对象的创建。

使用 Date 对象处理时间前，首先需要创建 Date 对象。

创建 Date 对象的格式如下：

```
var 日期对象名称 = new Date([日期参数]);
```

日期参数的取值有以下三种情况。

- 省略不写。该取值用于获取系统当前时间，这是最常用的情况。所谓系统当前时间，指的是运行获取 Date 对象时操作系统上的时间。示例如下：

```
var now = new Date();
```

- 字符串形式。参数以字符串形式来表示，参数格式为："月 日，公元年 时:分:秒"、"月 日，公元年"、"月/日/公元年 时:分:秒"和"月/日/公元年"这几种形式。需要注意的是，月份的取值是 1～12，或者是表示 1～12 月的英文单词：January、February、March、April、May、June、July、August、September、October、November、December。示例如下：

```
var date = new Date("10/27/2000 12:06:36");/*月份为 10 月*/
var date = new Date("October 27,2000 12:06:36");
```

- 数字形式。参数以数字来表示日期中的各个组成部分，参数格式为"公元年，月，日，时，分，秒"或"公元年，月，日"。需要注意的是，月份的取值是 0～11，即 0 表示 1 月，11 表示 12 月。示例如下：

```
var date = new Date(2012,10,10,0,0,0); /*月份为 11 月*/
var date = new Date(2012,10,10);
```

（2）Date 对象的常用方法。

Date 对象提供了许多方法，用于获取或设置时间。表 5-1 列举了 Date 对象的一些常用方法。

表 5-1                             Date 对象常用方法

| 方法 | 描述 |
|---|---|
| getDate() | 根据本地时间返回 Date 对象的当月号数，取值 1～31 |
| getDay() | 根据本地时间返回 Date 对象的星期数，取值 0～6，其中星期日的取值是 0，星期一的取值是 1，其他以此类推 |
| getMonth() | 根据本地时间返回 Date 对象的月份数，取值 0～11，其中一月的取值是 0，其他以此类推 |
| getFullYear() | 根据本地时间，返回以 4 位整数表示的 Date 对象年份数 |
| getHours() | 根据本地时间返回 Date 对象的小时数，取值 0～23，其中 0 表示晚上零点，23 表示晚上 11 点 |
| getMinutes() | 根据本地时间返回 Date 对象的分钟数，取值 0～59 |
| getSeconds() | 根据本地时间返回 Date 对象的秒数，取值 0～59 |
| getTime() | 根据本地时间返回自 1970 年 1 月 1 日 00:00:00 以来的毫秒数 |
| toLocaleString() | 把 Date 对象转换为字符串，并根据本地时区格式返回字符串 |
| toString() | 将 Date 对象转换为字符串，并以本地时间格式返回字符串。注意：直接输出 Date 对象时 JavaScript 会自动调用该方法将 Date 对象转换为字符串 |
| toUTCString() | 将 Date 对象转换为字符串，并以世界时间格式返回字符串 |

使用表 5-1 中的方法时，需要使用创建的日期对象来调用。调用格式如下：

日期对象.方法(参数 1,参数 2,…)

示例如下：

```
var time = new Date();/*假设当前系统时间为 2019-12-26*/
var year = time.getFullYear();/*Date 对象 time 调用 getFullYear()方法获取的值为:2019*/
```

本实训的相关知识点主要介绍这么多，其他知识点的介绍请参见前面实训的相关介绍。

# 5.5　实验分析

图 5-1 和图 5-2 所示的网页结构分别使用了图 5-3 和图 5-4 所示的页面布局版式。

图 5-3 和图 5-4 页面结构，可使用<header>、<aside>、<section>和<footer>等 HTML5 文档结构元素构建。

图 5-3 示页面结构的 HTML 代码如下：

```
<body>
  <header>...</header>
  <section>
    <aside>...</aside>
    <section>...</section>
  </section>
  <footer>...</footer>
</body>
```

由图 5-1 所示结果可知，<header></header>中又包含了两个<div>，其中第一个<div>包含 Logo 和时间；第二个<div>则放置 banner。为便于设置 Logo 和时间的样式，Logo 又可以放到一个子<div>中，而时间则放到<span>标签中，以便对时间进行样式设置。使用浮动或定位排版方式将 Logo 和时间分别布局在页眉第一个<div>的左、右两端，并设置<span>的内边距或外边距，使时间和<div>的右边框有一定的距离。<aside></aside>中则包含了一个导航条，导航条可使用 HTML5 的结构元素<nav>包含<a>的方式来创建。我们看到图 5-1 中的每个超链接是独占一行的，只有块级元素才能独占一行，而由于<a>默认情况下是行内元素，所以此时需要修改<a>的元素类型为block。

图 5-4 所示页面结构的 HTML 代码如下：

```
<body>
  <header>...</header>
  <section>
    <aside>...</aside>
    <section>...</section>
    <aside>...</aside>
  </section>
  <footer>...</footer>
</body>
```

图 5-2 和图 5-1 一样，<header></header>中也包含了两个<div>，其中第一个<div>放置 Logo；第二个<div>则放置导航条，该导航条同样可使用 HTML5 的结构元素<nav>包含<a>的方式来创建。

默认情况下，section、aside 是块级元素，所以 section 和 aside 显示时默认各占一行。要使 section 和 aside 显示在同一行，有多种方法。一是修改它们的元素类型为 inline-block 类型；二是使用浮动排版方式；三是使用定位排版方式。在布局元素的方法中，浮动和定位两种方法是最常用的，而修改元素类型的方法则主要针对仅仅需要将垂直排列的元素改为横向排列的情况使用。

图 5-1 和图 5-2 中的 Logo 区域、时间、广告 banner、主体内容区域、页脚区域中都只有一行文本，而且这些文本在各自的区域中都是垂直居中的。可知，需要对这些文本所在的盒子的父元素或祖先元素设置等值的高度和 line-height。另外，两个页面中的文本绝大部分在各个的区域都是水平居中对齐的，所以可以对 body 选择器设置 text-align 属性的值为 center。

在图 5-1 中，各个超链接之间存在一定的距离，并且该距离和最上面的超链接与侧边栏的上边框之间的距离不一致，可见，各个<a>设置了一个外边距，同时<nav>和<aside>之间也存在一个由<nav>设置的外边距。

图 5-2 中导航条也是在所在的区域中垂直居中，所以同样需要对导航条所在的盒子设置等值的高度和 line-height。各个超链接之间存在一定的距离，故还需要设置<a>的左、右外边距或左、右内边距。图中两端侧边栏存在多行文本，为便于设置这些文本的样式，将这些文本创建为一个段落。文本段落和侧边栏的边框存在一定的间距，为此需要对段落设置外边距。另外，我们看到段落文字之间存在一定的距离，以及文本为水平居左对齐，所以还要对段落设置 line-height，同时设置 text-align 的值为 left，以覆盖 body 选择器中设置的 center 值。

图 5-1 和图 5-2 所示的网页没有占满整个浏览器，并且内容在浏览器中水平居中，因此，应首先将结构代码中<body></body>之间的代码全部放到一个容器盒子<div>中，然后设置这个 div 盒子左、右外边距自动来实现 div 盒子相对浏览器水平居中，同时还要设置该盒子的宽度。另外，网页中的各块内容都存在不同的背景颜色和高度，对图 5-1 中显示的时间还需要设置颜色。

实验要求图 5-1 中的时间为 JavaScript 获取的系统时间，因此，需要使用到 JavaScript 内置对象 Date，通过调用 Date()构造函数创建日期对象，然后由日期对象分别调用 Date 获取年份、月份、日期以及星期数的函数来获取系统时间。由于运行时需要显示的是文本形式的星期数，而使用日期对象获取的星期数是取值为 0~6 的数字，所以需要将数字类型的星期数和文本形式的星期数进行转换。转换方法主要有两种：一是使用判断语句；二是使用 JavaScript 数组，并且数组的下标为 0~6，各个元素的值为文本形式的星期数。另外，使用 JavaScript 获取的系统时间，需要动态地作为<span>的内容，所以需要在 JavaScript 中使用 innerHTML 属性对 span 对象设置 HTML 元素内容。

# 5.6　实验思路

首先使用 HTML5 文档结构标签<header>、<section>、<aside>、<footer>等搭建左右两栏+页眉+页脚版式以及左中右三栏+页眉+页脚版式的页面结构，然后分别按照图 5-1 和图 5-2 所示页面内容，在相应区域中添加<div>、<span>、<p>、<nav>、<a>等标签并设置相应页面内容。然后在整个页面结构代码的外面再添加一个<div>容器盒子，以便控制整个页面的大小以及使页面相对浏览器水平居中。

使用元素、类、后代、伪类及并集等选择器设置背景颜色、盒子内外边距及大小、字体、行间距、文本水平居中对齐、网页相对浏览器水平居中对齐等样式。对左、右两栏的布局可以使用：浮动+静态排版、纯粹浮动排版和定位排版三种方式中的任意一种。对左中右三栏的布局则使用浮动+静态排版方式布局。使用链接方式将上述样式设置代码应用到 HTML 文档中。

在页面的头部区域添加<script></script>标签对，并在其中定义 JavaScript 函数。函数的功能包括：使用 DOM 获取用于修饰时间的 span 元素；调用 Date()函数新建一个获取系统当前时间的日期对象；创建一个分别为星期日至星期六的 7 个元素的字符串数组；通过日期对象调用相应的方法，得到时间中的年、月、日及星期数，并按页面所示格式将各个时间拼接成一个字符串，在拼接字符串中使用星期数作为字符串数组下标，得到字符串形式的星期数；使用 innerHTML 属性将字符串设置为 span 元素的内容。在页眉中的<span></span>标签对之间则使用<script>调用前面定义的函数使时间显示出来。

# 5.7 实验指导

## 1. 使用"左右两栏+页眉+页脚版式"布局页面

（1）新建一个 HTML 文档，并将文档标题设置为"使用左右两栏+页眉+页脚版式布局网页"。

（2）在文档的头部区域添加以下代码链接外部 css 文件：

```
<link rel="stylesheet" type="text/css" href="css/twoColumn.css"/>
```

（3）在文档的主体区域<body></body>标签对之间添加<div>及 HTML5 文档结构标签<header>、<section>、<aside>、<footer>搭建页面结构。为方便样式设置，同时给相应的一些元素设置类名或 ID 名。

```
<body>
  <div class="container"><!--div 作为整个页面的容器盒子-->
    <header>...</header><!--页眉区域-->
    <section class="main"><!--主体区域-->
      <aside>...</aside><!--侧边栏-->
      <section class="content">...</section><!--主体内容区域-->
    </section>
    <footer>...</footer><!--页脚区域-->
  </div>
</body>
```

（4）在页眉中添加两个<div>，第一个<div>中添加一个子<div>放置 Logo 以及一个<span>修饰动态显示的系统时间，第二个<div>添加一个 banner。在<aside>中使用<nav>定义导航条。对 Logo、banner、主体内容以及页脚全部使用一段文本来表示。为方便样式设置，同时给相应的一些元素设置类名或 ID 名，并根据图 5-1 所示结果补充以下代码（<span>标签中的内容不用填充）。

```
<body>
  <div class="container">
    <header><!--页眉包括 Logo、系统时间和 banner-->
      <div class="head">
        <div class="Logo"><p>...</p></div>
        <span id="date">...</span>
      </div>
      <div class="banner"><p>...</p></div>
    </header>
    <section class="main"><!--主体包括左侧边栏和主体内容-->
```

```
        <aside>
          <nav>
              <a href="#">...</a>
              ...
          </nav>
        </aside>
        <section class="content">
            <p>...</p>
        </section>
      </section>
      <footer>
          <p>...</p>
      </footer>
   </div>
 </body>
```

（5）在当前 HTML 页面同一目录下创建 css 文件夹，并在 css 文件夹中创建 twoColumn.css 样式文件，然后在 twoColumn.css 中分别编写下面第（6）步~第（18）步中的 CSS 代码。

（6）使用元素选择器设置网页文字的字体为微软雅黑，字号为 14px，以及文本水平居中对齐。

```
body{
    font-family: ...;
    font-size: ...;
    text-align:...;
}
```

（7）使用类选择器设置页面最外层的容器盒子 div 的宽度为 900px，并且相对浏览器水平居中。

```
.container{
    width:...;
    margin:...;
}
```

（8）使用类选择器设置页眉中的第一个<div>的高度和行高都为 60px，背景颜色为黑色。

```
.head{
    height:...;
    line-height:...;
    background:...;
}
```

（9）使用元素选择器设置 Logo 向左浮动，背景颜色为#F9F。

```
.Logo{
    float:...;
    background:...;
}
```

（10）使用元素选择器设置 span 元素颜色为白色，向右浮动，并且右内边距为 20px。

```
span{
    float:...;
    color:...;
    padding-right:...;
}
```

（11）使用类选择器设置 banner 的高度和行高都为 100px，背景颜色为#9cf。

```
.banner{
    height:...;
```

```
        line-height:...;
        background:...;
}
```

（12）使用元素选择器设置 p 元素 4 个方向的外边距为 0。

```
p{
    margin:...;
}
```

思考：如果不设置 p 元素的外边距为 0，会出现什么结果？

（13）使用元素选择器设置 nav 元素 4 个方向的外边距为 30px。

```
nav{
    margin:...;
}
```

（14）使用后代选择器设置超链接 a 的 4 个方向的外边距为 10px，并且将元素类型改为块级。

```
aside a{
    margin:...;
    display:...;
}
```

（15）使用伪类+并集选择器设置超链接未访问和访问过后的颜色为黑色，并且都没有下画线。

```
a:link, a:visited{
    color:...;
    text-decoration:...;
}
```

（16）使用元素选择器设置侧边栏宽为 200px，高为 450px，向左浮动，背景颜色为#eee。

```
aside{
    float:...;
    width:...;
    height:...;
    background:...;
}
```

（17）使用类选择器设置主体内容区宽度为 700px，行高为 450px，背景颜色为#9FF，并且向右浮动。

```
.content{
    float:...;
    width:...;
    line-height:...;
    background:...;
}
```

注：上述代码中，侧边栏和主体内容区都使用了浮动布局。这两栏的布局也可以使用浮动+静态布局或定位布局。

（18）使用元素选择器设置页脚，清除两边的浮动，高度和行高都为 80px，背景颜色为#999。

```
footer{
    clear:...;
    height:...;
    line-height:...;
    background:...;
}
```

（19）在页面的头部区域添加<script></script>标签对，在其中定义名称为 getTime 的无参 JavaScript 函数，创建数组并获取系统时间，并按页面显示的时间格式将各个时间分量拼接为字符串，在拼接过程中使用数组中的元素替换数字型的星期数，并将最终的拼接结果作为页眉中 span 元素的内容。

```
<script>
    function ...{/*根据上面的描述补充函数名*/
    var oSpan = document.getElementById("date");/*使用元素的 ID 名获取元素*/
    var now = new Date();/*调用 Date()函数新建一个日期对象*/
    /*创建一个以星期日至星期六为元素的字符串数组*/
    var week = ['星期日','星期一',...];
    /*使用前面创建的日期对象 now 调用 Date 对象的相应方法，分别获取年、月、日和星期数，并把星期数作为
     week 数组的下标来引用 week 数组中的对应元素*/
    var str = "现在时间是" + ... + "年" + (...+1) + "月" + ... + "日 " + week[...];
    oSpan.innerHTML =...;/*将前面拼接的时间作为 span 元素的内容*/
    }
</script>
```

思考：月份为什么要+1？

（20）在页眉中的<span>中添加<script></script>，并在其中调用前面定义的 JavaScript 函数。

```
<span><script>...</script></span>
```

思考：本实验显示的系统时间只是执行函数时那一刻的时间。该时间并不会动态地随着系统时间进行变化。如果希望页面上显示的时间跟随系统时间动态变化，应如何做？答案就是使用定时器！有关定时器的内容我们将在实训 8 介绍。

**2. 使用"左中右三栏+页眉+页脚"版式布局页面**

（1）新建一个 HTML 文档，并将文档标题设置为"使用左中右三栏+页眉+页脚版式布局网页"。

（2）在文档的头部区域添加以下代码链接外部 css 文件：

```
<link rel="stylesheet" type="text/css" href="css/threeColumn.css"/>
```

（3）在文档的主体区域<body></body>标签对之间添加<div>及 HTML5 文档结构标签<header>、<section>、<aside>、<footer>，搭建页面结构。为方便样式设置，同时给相应的一些元素设置类名或 ID 名。

```
<body>
  <div class="container"><!--div 作为整个页面的容器盒子-->
    <header>...</header><!--页眉-->
    <section class="main"><!--主体包括左、右侧边栏和主体内容-->
      <aside class="left">...</aside><!--左侧边栏-->
      <aside class="right">...</aside><!--右侧边栏-->
      <section class="content">...</section><!--主体内容区-->
    </section>
    <footer>...</footer><!--页脚-->
  </div>
</body>
```

（4）在页眉中添加两个<div>，第一个<div>中添加一个子<div>放置 Logo，第二个<div>使用<nav>定义导航条。对 Logo、左右侧边栏、主体内容区以及页脚全部使用一段文本来表示。为方

便样式设置，给相应的一些元素设置类名或 ID 名，并根据图 5-2 所示结果补充代码。

```html
<body>
  <div class="container">
    <header><!--页眉包括 Logo 和导航条-->
      <div class="head">
        <div class="Logo"><p>...</p></div>
      </div>
      <div class="menu">
        <nav>
          <a href="#">...</a>
          ...
        </nav>
      </div>
    </header>
    <section class="main"><!--主体包括左、右侧边栏和主体内容-->
      <aside class="left">
        <p>...</p>
      </aside>
      <aside class="right">
        <p>...</p>
      </aside>
      <section class="content">
        <p>...</p>
      </section>
    </section>
    <footer>
      <p>...</p>
    </footer>
  </div>
</body>
```

（5）在当前 HTML 页面同一目录下创建 css 文件夹，并在 css 文件夹中创建 threeColumn.css 样式文件，然后在 threeColumn.css 中分别编写下面第（6）步~第（19）步中的 CSS 代码。

（6）使用元素选择器设置网页文字的字体为微软雅黑，字号为 14px，以及文本水平居中对齐。

```css
body{
    font-family: ...;
    font-size: ...;
    text-align:...;
}
```

（7）使用类选择器设置页面最外层的容器盒子 div 的宽度为 900px，并且相对浏览器水平居中。

```css
.container{
    width:...;
    margin:...;
}
```

（8）使用类选择器设置页眉中的第一个<div>的高度和行高都为 60px，背景颜色为黑色。

```css
.head{
    height:...;
    line-height:...;
    background:...;
}
```

（9）使用元素选择器设置 Logo 向左浮动，背景颜色为#F9F。

```
.Logo{
    float:...;
    background:...;
}
```

（10）使用类选择器设置导航条的高度和行高都为 30px，背景颜色为#9cf。

```
.menu{
    height: ...;
    line-height: ...;
    background: ...;
}
```

（11）使用后代选择器设置超链接 4 个方向的外边距为 10px。

```
header a{
    margin:...;
}
```

（12）使用 a 的伪类选择器设置超链接未访问和访问过后的颜色为黑色，并且没有下画线。

```
a:link, a:visited{
    color:...;
    text-decoration:...;
}
```

（13）使用元素选择器设置 p 元素 4 个方向的外边距为 0。

```
p{
    margin: ...;/*p 存在默认 16px 的上、下外边距*/
}
```

（14）使用后代选择器设置侧边栏的段落行高为 26px，文本居左对齐，上外边距为 60px，左、右外边距为 20px，下外边距为 30px。

```
aside p{
    line-height:...;
    text-align:...;
    margin:...;
}
```

（15）使用元素选择器设置 aside 元素的背景颜色为#eee。

```
aside{
    background:...;
}
```

（16）使用类选择器设置左侧边栏的宽度为 200px，高度为 450px，向左浮动。

```
aside.left{
    float:...;
    width:...;
    height:...;
}
```

（17）使用类选择器设置右侧边栏的宽度为 200px，高度为 450px，向右浮动。

```
aside.right{
    float:...;
    width:...;
    height:...;
}
```

（18）使用类选择器设置主体内容区的高度和行高都为 450px，背景颜色为#9FF，上、下外边距为 0，左、右外边距为 200px。

```
.content{
    margin:...;/*设置左、右外边距以腾出左、右两端的侧边栏空间*/
    height:...;
    line-height:...;
    background:...;
}
```

（19）使用元素选择器设置页脚的高度和行高都为 80px，背景颜色为#999。

```
footer{
    height: ...;
    line-height: ...;
    background: ...;
}
```

对比 twoColumn.css 和 threeColumn.css 两个文件的 CSS 代码，我们发现这两个文件同样存在很多冗余代码。对此有两种处理方法：一是将这两个文件整合为一个 css 文件，在整合 css 文件中将两个文件中相同的部分保留一份；二是将所有公共的 CSS 代码从两件文件中抽取出来放到一个命名为 common.css 的文件中，不同的 CSS 代码各自保留在原来的 css 文件中，然后在两个 HTML 页面中分别使用<link>标签链接 common.css 文件。

# 5.8　实验总结

本实验主要使用了<div>、<header>、<section>、<aside>、<nav>、<footer>、<a>、<span>和<p>标签。其中<div>主要作为容器来容纳网页内容、Logo 和 banner，<header>、<section>、<aside>、<footer>用于搭建页面结构，<nav>和<a>用于定义导航条，<span>则作为显示时间字符串的修饰性标签，便于时间字符串进行样式设置。

元素的样式设置主要使用了元素、类、伪类、后代和并集选择器，实现了字号、字体族、内外边距、背景颜色、前景颜色、盒子大小、文本水平对齐、盒子相对浏览器水平居中显示、浮动排版等样式设置，并使用了链接的方式将 CSS 样式应用到 HTML 文档中。

通过 HTML5 的文档结构标签和浮动排版实现了左右两栏+页眉+页脚版式；通过 HTML5 的文档结构标签和浮动+静态排版实现了左中右三栏+页眉+页脚版式。

在构建左右两栏+页眉+页脚版式的页面中，使用了 JavaScript 实现了获取系统当前时间以及将当前时间的各个时间分量拼接成一个字符串，并将该字符串设置为页眉中的 span 元素的内容等。该功能的实现是通过自定义一个 JavaScript 函数，并通过在<span></span>中添加<script></script>标签来调用执行。本实验分别在页面<head>区域和<body>区域使用<script>直接插入 JavaScript 的方式将 JavaScript 代码嵌入 HTML 页面。

# 使用 JavaScript+CSS 创建二级菜单

## 6.1　实验目的

✧　掌握<header>、<nav>、<ul>、<li>、<a>等标签的使用。

✧　掌握使用 CSS 进行盒子外观、盒子内容的溢出、背景颜色、字体、文本水平居中、盒子垂直居中、盒子在浏览器中水平居中等样式设置。

✧　掌握浮动、定位排版，以及 CSS 在 HTML 页面中的应用方式。

✧　掌握 JavaScript 的执行机制、元素状态的动态设置、事件处理、JavaScript 循环语句、this的对象指向。

✧　掌握将 JavaScript 函数嵌入 HTML 文档。

## 6.2　实验环境

✧　开发工具：Dreamweaver、WebStorm 等工具。

✧　运行环境：Google Chrome 浏览器。

## 6.3　实验内容

（1）使用相应的标签创建一个图 6-1 所示的包含二级菜单的导航条。

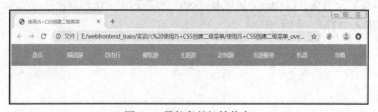

图 6-1　导航条的初始状态

（2）当鼠标移到一级菜单中的某个菜单项时，在该菜单项加粗字体和改变背景颜色的同时，在菜单项的下方弹出一个图 6-2 所示的二级菜单。

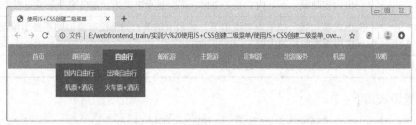

图 6-2　鼠标移到一级菜单时的状态

（3）将鼠标移到二级菜单上的某个菜单项时，该项菜单项的样式将发生图 6-3 所示的变化。

（4）当鼠标从该菜单项及其所属的二级菜单中移出时，二级菜单消失。

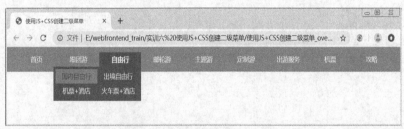

图 6-3　鼠标移到二级菜单时的状态

要求：网页的所有外观表现全部使用 CSS 来设置。

# 6.4　相关知识点介绍

本实验涉及了 HTML、CSS 和 JavaScript 三个方面的知识点。HTML 方面包括：<header>、<nav>、<ul>、<li>、<a>等标签的使用。CSS 方面包括：盒子内容的溢出、背景颜色、字体、盒子大小、盒子内外边距、文本水平居中、盒子垂直居中、盒子在浏览器中水平居中，浮动、定位排版等样式设置，以及将这些样式代码链接到 HTML 文档等知识点。JavaScript 方面包括：JavaScript 的执行机制、元素状态的动态设置、事件处理、JavaScript 循环语句、this 的对象指向，以及将 JavaScript 函数嵌入 HTML 文档等知识点。

## 1. 使用 overflow 样式属性处理溢出内容

overflow 属性规定了当内容溢出盒子时应该如何处理，即对超出盒子的内容是进行显示、隐藏，还是显示滚动条等处理。对溢出内容的不同处理是通过 overflow 属性取不同的值来实现的。overflow 属性可取的值如表 6-1 所示。

表 6-1　　　　　　　　　　　　overflow 属性取值及其描述

| 属性值 | 描述 |
| --- | --- |
| visible | 默认值，溢出内容不会被修剪，会呈现在元素框之外 |
| hidden | 溢出内容隐藏 |

71

| 属性值 | 描述 |
| --- | --- |
| scroll | 溢出内容隐藏。不管内容是否溢出，都会显示滚动条。拖曳滚动条可查看隐藏的内容 |
| auto | 溢出内容隐藏。如果内容溢出了，显示滚动条；如果没有溢出则不显示滚动条。拖曳滚动条可查看隐藏的内容 |
| inherit | 继承父级的 overflow 属性的值 |

溢出设置语法如下：

```
overflow: visible | hidden | scroll | auto | inherit;
```

溢出处理示例如下：

```
<head>
<style>
div {
    width: 300px;
    height: 60px;
    overflow: auto;/*内容溢出时，显示滚动条*/
    border: 10px solid red;
}
</style>
</head>
<body>
    <div>
     overflow 属性规定了当内容溢出盒子窗口时应该如何处理，即对超出盒子窗口的内容是进行显示、
    隐藏，还是显示滚动条等处理。
    </div>
</body>
```

上述代码设置了 div 盒子的宽度和高度，当其中的文本内容无法在指定的盒子大小中全部显示时，超出的内容将溢出 div，此时 div 将自动显示滚动条，拖曳滚动条能查看溢出的内容。默认情况下或设置 overflow 的值为 visible 时，超出的内容将显示在盒子的外面。

**2. 循环语句**

循环语句允许程序在一定的条件下，反复执行特定代码段，直至遇到终止循环的条件。

JavaScript 中的循环语句最常用的主要有 while 语句和 for 语句两种形式。

（1）while 语句。

while 语句在程序中常用于只需根据条件执行循环而不需关心循环次数的情况。while 语句在执行时，首先判断条件表达式的值，如果为真，则执行循环体语句，然后对条件表达式进行判断，如果值还是为真，则继续执行循环体语句，否则执行 while 语句后面的语句。基本语法如下：

```
while(条件表达式){
    循环体语句;
}
```

条件表达式：为循环控制条件，必须放在圆括号中，可以是任意表达式，但一般为关系表达式或逻辑表达式，取值为真或假。注意：值为 true、非 0、非空的都是真值，反之则为假值。

循环体语句：代表需要重复执行的操作，可以是简单语句，也可以是复合语句。当为简单语

句时，可以省略大括号{}，否则必须使用大括号{}。

while 语句示例如下：

```
var sum = 1, i = 1;
var ex = 1;
/*while循环语句*/
while(sum <= 1.5){
    sum += 1/((i + 1)*(i + 1));
    i++;
    ex +=" + 1/(" + i + "*" + i + ")";
}
```

（2）for 语句。

for 语句主要用于执行确定执行次数的循环，基本语法如下：

```
for([初始值表达式]; [条件表达式]; [增量表达式]){
    循环体语句;
}
```

"初始值表达式"：为循环变量设置初值。

"条件表达式"：作为是否进入循环的依据，可以是任意表达式，但一般为关系表达式或逻辑表达式，取值为真或假。每次要执行循环之前，都会进行条件表达式值的判断。如果值为真（值为 true 或非 0 或非空），则执行循环体语句；否则就退出循环并执行循环语句后面的代码。

"增量表达式"：根据此表达式更新循环变量的值。

for 语句实际上等效于以下结构的 while 语句：

```
初始值表达式;
while(条件表达式){
    循环体语句
    增量表达式
}
```

for 语句示例如下：

```
var sum = 0;
/*for循环语句*/
for(var i = 1; i <= 100;i++){
    sum += i;
}
```

（3）循环的终止和退出语句。

在实际应用中，循环语句并不是必须等到循环条件不满足了才结束循环。很多情况下，我们希望循环进行到一定阶级时，能根据某种情况提前退出循环或者终止某一次循环。要实现此需求，需要使用 continue 语句或 break 语句。

● continue 语句。

continue 语句用于终止当前循环，并马上进入下一次循环，基本语法如下：

```
continue;
```

注意

continue 语句的执行通常需要设定某个条件，当满足该条件时，执行 continue 语句。

continue 语句示例如下：

```
var sum = 0;
var str = "1~20 的偶数有：";
/*把 1~20 的偶数进行累加*/
for(var i = 1; i < 20; i++){
    /*判断 i 是否为奇数，如果模不等于 0，为奇数，结束当前循环，进入下一次循环*/
    if(i % 2 != 0)
        continue;
    sum += i; /*如果执行 continue 语句，循环体内的该行以及后面的代码都不会被执行*/
    str +=i + " ";
}
```

- break 语句。

break 语句单独使用时可退出整个循环，并执行循环语句后面的语句。break 语句的基本语法如下：

```
break;
```

break 语句和 continue 语句一样，执行也需要设定某个条件，当满足该条件时，执行 break 语句。

break 语句示例如下：

```
var sum = 0;
var str = "1~20 的被累加的偶数有：";
/*把 1~20 的偶数进行累加*/
for(var i = 2; i < 20;i += 2){
    if(sum > 60)
        break; /*执行 break 语句后，整个循环立刻结束执行*/
    sum += i;
    str += i + " ";
}
str += "\n 这些偶数的和为：" + sum;
```

break 语句执行后，循环语句立即结束执行，JavaScript 引擎将转而执行上述代码中的最后一行代码。

### 3. 事件处理

（1）事件处理相关概念。

事件处理，是指程序对事件做出的响应。事件，对 JavaScript 来说，就是用户与 Web 页面交互时产生的操作或 JavaScript 和 HTML 交互后导致某种状态发生变化的事情，比如移动鼠标、按下某个键盘、单击按钮等操作。事件处理中涉及的程序称为事件处理程序。事件处理程序通常被定义为函数。在 Web 页面中产生事件的界面元素，称为事件源。在不同事件源上可以产生相同类型的事件，同一个事件源也可以产生不同类型的事件。JavaScript 程序指明事件类型和事件源，并对事件源绑定事件处理程序，这样，一旦事件源发生指定类型的事件，浏览器就会调用事件源所绑定的处理程序进行事件处理。所以事件处理涉及的工作包括事件处理程序的定义及绑定。

（2）常用 JavaScript 事件。

表 6-2 中列出了一些常用的 JavaScript 事件。

表 6-2　　　　　　　　　　　　　　JavaScript 常用事件

| | 事件 | 描述 |
|---|---|---|
| 鼠标<br>事件 | click | 用户单击鼠标时触发此事件 |
| | mousedown | 用户按下鼠标时触发此事件 |
| | mouseup | 用户按下鼠标后松开时触发此事件 |
| | mouseover | 用户将鼠标光标移动到某对象范围的上方时触发此事件 |
| | mousemove | 用户移动鼠标时触发此事件 |
| | mouseout | 用户鼠标光标离开某对象范围时触发此事件 |
| | mousewheel | 滚动鼠标滚轮时发生此事件，只针对 IE 和 Chrome 有效 |
| | DOMMouseScroll | 滚动鼠标滚轮时发生此事件，针对标准浏览器有效 |
| 键盘<br>事件 | keypress | 用户键盘上某个字符键被按下时触发此事件 |
| | keydown | 用户键盘上某个按键被按下时触发此事件 |
| | keyup | 用户键盘上某个按键被按下后松开时触发此事件 |
| 窗口<br>事件 | error | 加载文件或图像发生错误时触发此事件 |
| | load | 页面内容加载完成时触发此事件 |
| 表单<br>事件 | blur | 表单元素失去焦点时触发此事件 |
| | click | 用户单击复选按钮、单选按钮或 button、submit 和 reset 等按钮时触发此事件 |
| | change | 表单元素的内容发生改变并且元素失去焦点时触发此事件 |
| | focus | 表单元素获得焦点时触发此事件 |
| | reset | 用户单击表单上的 reset 按钮时触发此事件 |
| | select | 用户选择一个 input 或 textarea 表单元素中的文本时触发此事件 |
| | submit | 用户单击 submit 按钮提交表单时触发此事件 |

（3）事件处理程序的绑定。

为了使浏览器在事件发生时，能自动调用相应的事件处理程序处理事件，需要对事件源绑定事件处理程序。绑定事件处理程序有以下 3 种方式。

- 使用 HTML 标签的事件属性绑定事件处理程序：该方式通过设置标签的事件属性值为事件处理程序。注：这种方法现在不推荐使用。示例如下：

```
<input type="button" onclick="var name='张三';alert(name);" value="事件绑定测试"/>
```

上述代码的 button 为 click 事件的事件源，其通过标签的事件属性 onclick 绑定了两行脚本代码进行事件的处理。当绑定的 JavaScript 代码比较多时，一般将这些代码定义为一个函数，然后在事件属性中调用该函数。

- 使用事件源的事件属性绑定事件处理函数：该方式通过设置事件源对象的事件属性值为事件处理函数。设置语法如下：

```
事件源对象.on 事件名 = 事件处理函数
```

绑定的事件处理程序通常是一个匿名函数的定义语句，或者是一个函数名称。
示例如下：

```
...
var oBtn = document.getElementById('btn');
oBtn.onclick = function(){/*oBtn 为事件源对象，它的单击事件绑定了一个匿名函数定义*/
```

```
            alert('hi')
    };
```

- 使用 addEventListener()方法绑定事件和事件处理函数（注：IE9 之前的版本则使用 attach Event()方法）。

使用事件源对象的事件属性绑定事件处理程序方式虽然简单，但其存在一个不足的地方：一个事件只能绑定一个处理程序，后面绑定的事件处理函数会覆盖前面绑定的事件处理函数。在实际应用中，一个事件源可能会用到多个函数来处理一个事件。当一个事件源需要使用多个函数来处理一个事件时，可以通过事件源调用 addEventListener()（针对标准浏览器）绑定事件处理函数来实现此需求。一个事件源绑定多个事件函数的实现方式是：对事件源对象调用多次 addEventListener()，其中每次调用只绑定一个事件处理函数。

addEventListener()是标准事件模型中的一个方法，对所有标准浏览器都有效。使用 addEventListener()绑定事件处理程序的格式如下：

事件源.addEventListener(事件名称,事件处理函数名,是否捕获);

　　　　参数 "事件名称" 是一个不带 "on" 的事件名；参数 "是否捕获" 是一个布尔值，默认值为 false，取 false 时实现事件冒泡，取 true 时实现事件捕获。

示例如下：

document.addEventListener('click',fn1,false);/*单击文档窗口事件绑定 fn1 函数实现事件冒泡*/

（4）事件冒泡和事件捕获。

事件冒泡和事件捕获都是事件流。事件流描述的是从页面中接收事件的顺序，其中包括 Internet Explore 的事件冒泡和 Netscape 的事件捕获两种事件流。

事件冒泡：当一个元素接收到事件时，会把它接收到的事件逐级向上传播给它的祖先元素，一直传到顶层的 window 对象。例如，在 Chrome 浏览器中，当用户单击了<div>元素，click 事件将按照<div>→<body>→<html>→document→window 的顺序进行传播。事件冒泡对所有浏览器都是默认存在的，并且由元素的 HTML 结构决定，而不是由元素在页面中的位置决定，所以即便设置定位或浮动使元素脱离父元素的范围，单击元素时，其依然存在冒泡现象。

使用 addEventListener()方法绑定事件时，当第三个参数为 false 时，事件为冒泡；为 true 时，事件为捕获。使用事件源对象的事件属性绑定事件函数以及使用 HTML 标签事件属性绑定事件函数的事件流都是事件冒泡。

事件捕获是从最顶层的 window 对象开始逐级往下传播事件，即最顶层的 window 对象最早接收事件，最底层的具体被操作的元素最后接收事件。例如，当用户单击了<div>元素，采用事件捕获，则 click 事件将按照 window→document→<html>→<body>→<div>的顺序进行传播。

使用 addEventListener()方法绑定事件函数时，当第三个参数取值为 true 时，将执行事件捕获，除此之外的其他事件的绑定方式，都是执行事件冒泡。

有关事件冒泡和事件捕获的详细介绍，请参见笔者主笔的《JavaScript 修炼之道》一书。

### 4. JavaScript 代码的执行机制

JavaScript 代码按照执行的机制可分为两类：非事件处理代码和事件处理代码。非事件处理代码如果不在某个函数中，则在载入 HTML 文档时，将按 JavaScript 在文档中出现的顺序，从上往下依次执行；如果非事件处理代码出现在某个函数中，则在调用该函数时执行。事件处理代码则在 HTML 文档内容载入完成，并且所有非事件处理代码执行后，才根据触发的事件执行对应的事件处理代码。

### 5. this 关键字的使用

在 JavaScript 程序中会经常使用 this 来指向当前对象。所谓当前对象，指的是调用当前方法（函数）的对象，而当前方法（函数）指的是正在执行的方法（函数）。在不同情况下，this 会指向不同的对象。示例如下：

```html
<!doctype html>
<html>
<head>
<meta charset="utf-8">
<title>this 指向对象及几个常用的事件演示</title>
<style>
div{
    width:200px;
    border:1px solid red;
}
</style>
<script>
function fn1(){
    alert(this);
}
/*窗口加载事件*/
window.onload=function(){
  var oDiv = document.getElementById('div1');/*使用 ID 名获取 div 元素*/
  var aBtn = document.getElementsByTagName('input'); /*使用标签名获取所有按钮*/
  fn1();/*① 直接调用 fn1 函数*/
  aBtn[0].onclick = fn1; /*② 通过按钮 1 的单击事件来调用 fn1 函数*/
  aBtn[1].onclick = function (){
      fn1();/*③ 在匿名函数中调用*/
  };
  /*鼠标移入事件*/
  oDiv.onmousemove = function(){
      this.innerHTML = 'Hello'; /*④ this 指代事件源对象 oDiv*/
  };
  /*鼠标移出事件*/
  oDiv.onmouseout = function(){
      this.innerHTML = 'ByeBye'; /*⑤ this 指代事件源对象 oDiv*/
  };
};
</script>
</head>
<body>
  <p><div id="div1">div</div></p>
  <input type="button" value="按钮 1"/>
  <input type="button" value="按钮 2"/>
</body>
</html>
```

上述代码中，①处代码是直接调用 fn1 函数，该代码等效于 window.fn1()，即调用当前函数 fn1 的是 window 对象，所以执行 fn1 函数后输出的 this 为 window 对象。②处代码是通过按钮 1 的单击事件来调用 fn1 函数，所以此时调用的 fn1 函数是 aBtn[0]，因此执行 fn1 函数后输出的 this 为按钮对象。③处代码是在匿名函数中调用，而匿名函数又是通过按钮 2 的单击事件来调用的，即对于按钮 2 来说，匿名函数为当前函数，执行当前函数时会调用 fn1，此时 fn1 的调用等效于 window.fn1()，对 window 对象来说，fn1 为当前函数，所以 fn1 输出的 this 为 window 对象。④和 ⑤中的 this 都在事件源绑定的匿名函数中，对事件源对象 oDiv 来说，绑定匿名函数为当前函数，所以此时的 this 为事件源对象 oDiv。

### 6. 使用 JavaScript 动态修改元素状态

元素状态指的是元素的表现形态，即外观表现，如前景颜色、背景颜色、大小、字号、内外边距等各种样式。使用 JavaScript 动态改变 HTML 元素的状态主要有以下三种方式：

（1）使用 HTML 元素对应的 DOM 对象 style 属性的样式属性一次修改元素的一个样式，语法如下：

```
DOM 对象.style.样式属性 = 属性值;
```

示例如下：

```
HTML 代码:
<div id="div1">DIV</div>

JavaScript 代码:
var oDiv = document.getElementById('div1');/*获得 HTML 元素*/
oDiv.style.width = "300px";/*修改 oDiv 对象的宽度为 300px*/
oDiv.style.background = "red";/*修改 oDiv 对象的背景颜色为红色*/
```

（2）使用 HTML 元素对应的 DOM 对象 style 属性的 cssText 属性一次设置多个样式，语法如下：

```
DOM 对象.style.cssText = css 代码
```

示例如下：

```
HTML 代码:
<div id="div1">DIV</div>

JavaScript 代码:
var oDiv = document.getElementById('div1');/*获得 HTML 元素*/
/*使用一条 JavaScript 代码同时修改对象的宽度和背景颜色*/
oDiv.style.cssText = "width:300px;background:red;";
```

 cssText 的属性值中，不同样式代码之间需要使用 ";" 分隔，最后一个样式代码后面的分号可以省略。

（3）使用 HTML 元素对应的 DOM 对象的 className 属性引用类选择器样式代码一次设置多个样式，语法如下：

```
DOM 对象.className = 类选择器名称;
```

示例如下:

```
HTML 代码:
<div id="div1">DIV</div>

CSS 代码:
.box{
    width:300px;
    background:red;
}

JavaScript 代码:
var oDiv = document.getElementById('div1');/*获得 HTML 元素*/

oDiv.className = "box";/*引用 box 类选择器同时修改 oDiv 对象的宽度和背景颜色*/
```

使用 className 属性引用类选择器样式,浏览器解析后,会给对应 HTML 元素添加引用的类名,即对元素添加:class="类选择器名称"的标签属性。

上述三种动态修改 HTML 元素状态的方式中,前两种方式添加的样式代码在浏览器解析后将会作为内联样式代码添加到元素中,而第三种方式添加的样式代码则会作为内嵌或链接样式代码添加到元素中。上述三种动态修改元素状态的方式如果从使用的技术角度来分,也可以说是两种方式,前两种属于纯 JavaScript 方式,第三种则是 CSS+JavaScript 方式。

本实训的相关知识点主要介绍这么多,其他知识点的介绍请参见前面实训的相关介绍。

# 6.5   实验分析

本实验的导航条作为整个页面的导航条,会放到页面的页眉中。为了使页眉具有相应的语义,页眉使用<header>表示。另外,由于导航条包含二级菜单,为便于控制二级菜单的显示和隐藏,将<a>放到无序列表的<li>中,同样为了使导航条具有特定的语义,将使用<nav>来定义导航条。因此本实验使用到的标签主要有<header>、<nav>、<ul>、<li>和<a>。

由于导航条的最外层盒子为<header>,因此图 6-1 所示的背景颜色和宽度,就是 header 元素的背景颜色和宽度。另外,从图 6-1 中,我们看到导航条和最外层盒子之间具有一定的距离,另外结合图 6-2 所示结果,可知该距离是 header 盒子的上、下内边距。图 6-1 中 header 盒子和文档窗口(即 body 元素)等宽,所以导航条和浏览器窗口之间没有距离,这意味着文档窗口和浏览器窗口之间没有距离。默认情况下,文档窗口和浏览器窗口之间存在 8px 的外边距,所以对导航条和浏览器边框间距要求为 0 时,只需要设置 body 元素的外边距为 0。另外,整个网页的字体族和字号默认情况下都是一样的,也可以对 body 元素设置这些样式。

由前面的分析可知,本实验需要使用无序列表来容纳超链接,而 ul 默认存在 40px 的左内边距和 14px 的上、下外边距,所以为了便于布局元素,一般会重置 ul 的内、外边距为 0。用于容纳超链接的 li 默认存在前导符,所以要取消前导符。另外,li 默认是块级元素,要使不同的 li 容纳的各个超链接横排在同一行，就需要修改 li 元素类型为 inline-block，或使用浮动改变 li 的布局方式。由于 inline-block 元素源代码中的换行会被解析成空格，对布局会造成一些影响，所以最好通过浮动改变 li 的布局方式来横排超链接。当我们指定一级菜单中的每个超链接 a 元素的宽度且没有设置内边距时，浮动后的 li 的宽度就等于超链接的宽度，在不设置 ul 的宽度及内外边距的情况下，将该宽度乘以超链接的个数后得到的值作为 nav 的宽度，这样对 nav 自动设置左、右外边距时就可使导航条在浏览器窗口中水平居中。a 默认是行内元素，对其设置宽度无效，所以要使前面 a 元素宽度设置有效，同样需要修改元素类型，或设置其浮动。和前面 li 的设置选择一样，对 a 元素也是选择通过浮动方式来实现其具有行内元素的特点。

从图 6-1～图 6-3，我们看到导航条的样式还包括：整个导航条的超链接访问前后的前景颜色都是白色，并且都没有下画线；鼠标指针悬停状态下，一级菜单中的当前菜单项的字体加粗且背景颜色发生改变，二级菜单中的当前菜单项前景颜色和背景颜色发生改变；每一个超链接在各自的盒子中都是水平居中；导航条在页眉中水平居中；一级菜单在盒子中则垂直居中；二级菜单和其盒子之间存在距离；一级菜单和二级菜单中的各个超链接宽度相等。

超链接的前景颜色可由元素 a 选择器来统一设置。而鼠标指针悬停状态下，超链接状态则既可以使用 CSS 的伪类选择器设置，也可通过 JavaScript 鼠标移入事件来设置。但对二级菜单来说，鼠标指针悬停状态下超链接的状态使用 CSS 的伪类选择器设置要简单一点。超链接文本的水平居中状态可针对各个盒子分别设置，也可统一对 body 元素进行文本水平居中设置，以便简化样式代码。导航条在页眉中水平居中则可通过对 nav 元素设置左、右外边距自动实现。作为盒子中单行文本的一级菜单，要在盒子中垂直居中，只需要通过设置 li 的行高和高度一致。二级菜单和其盒子之间存在的距离可通过对盒子设置内边距实现。

图 6-2 中二级菜单在一级菜单项的下方显示，由二级菜单的显示位置可知，二级菜单使用了绝对定位排版。图中，二级菜单看上去相对于菜单项（超链接）的右上角进行定位，但由于 a 元素不可能再包含 a 元素，所以二级菜单只能相对于 li 元素进行定位，也就是说，作为二级菜单定位参照物的 li 元素必须是二级菜单的父元素。因此要实现图 6-2 所示的定位，需要 li 元素作为参照物的同时，其位置也保持不变，为此需要设置 li 元素为不做任何偏移的相对定位。因为 li 进行了不做任何偏移的相对定位，则由图 6-2 可知，li 元素的高度和 a 元素的高度完全一样。

从图 6-1 可知，二级菜单初始状态下不显示，只有在鼠标指针移到一级菜单项时才显示。对于二级菜单显示与否的设置有两种方式，一种是使用 overflow 样式属性设置可见或隐藏，另一种是使用 display 样式属性设置为 block 或 none。二级菜单的初始显示状态直接使用 CSS 设置，鼠标指针移入和移出菜单项时二级菜单显示状态的切换则通过 JavaScript 实现。而鼠标指针移到一级菜单项和二级菜单项时状态的变化设置，既可以通过对级菜单项中的 a 元素设置鼠标指针悬停伪类 CSS 样式实现，也可以使用 JavaScript 设置相关样式属性实现，这两种方法，对一级菜单项来说区别不大，但对二级菜单项来说，使用 CSS 的设置方法更简单。

鼠标指针移入和移出一级菜单项时二级菜单的显示与否通过 JavaScript 的事件处理来实现。鼠标指针移入将触发 onmouseover 事件，鼠标指针移出则触发 onmouseout 事件。这两个事件处理的内容主要是修改触发事件的菜单项以及由其显示的二级菜单的相关状态。使用 JavaScript 处理鼠标指针移入和移出事件前，首先需要使用 DOM 技术获取所有的 li 元素对象，然后使用循环语句遍历每个 li 元素对象，对遍历到的每个 li 元素对象分别处理 onmouseover 事件和 onmouseout 事件，在这些事件处理程序中，通过 li 元素对象引用 style 属性的相应样式属性嵌入行内 CSS 或引用 className 属性嵌入内嵌 CSS 或链接 CSS 代码。在事件处理程序中一般通过 this 来引用触发事件的元素对象。需要注意的是，事件处理代码需要在触发事件的元素加载完成才可能执行，所以这些 JavaScript 代码需要放置在触发事件的元素的后面，这样就会使 JavaScript 代码和 HTML 代码混杂在一起，给代码阅读和维护带来不利。对这个问题的改进是将 JavaScript 代码从主体 HTML 代码中剥离出来，然后通过<script></script>直接放到页面的头部区域，或将 JavaScript 代码放到一个独立的 JavaScript 文件中，然后在头部区域使用<script></script>引用该 JavaScript 文件。需要注意的是，如果直接将剥离出来的 JavaScript 代码放到头部区域或放到 js 文件中，将会导致运行异常，这是由 JavaScript 代码的执行机制造成的。解决这个问题的方法是将这些代码作为 window 的加载事件（load）处理代码。

# 6.6　实验思路

在<body></body>之间使用<header>、<nav>、<ul>、<li>和<a>标签搭建导航条的内容结构：<header>作为整个导航条的容器盒子包含导航条所有内容，一级菜单和二级菜单分别用一个<nav>来定义，一级菜单的菜单项为无序列表中每个列表项的第一个超链接；每个二级菜单则是无序列表中每个列表项的其余超链接，这些超链接使用<nav>容纳。为便于对页面中的各个元素进行相应的样式设置，对一些标签添加 ID 名或类名。

使用 body 元素选择器统一设置页面的字体、文本水平居中并重置它的外边距。使用 CSS 样式重置 ul 元素的内外边距，并取消列表项的默认前导符。对 li 元素设置向左浮动使无序列表项横排在一行，并对其进行相对定位设置，二级菜单则以相对定位后的 li 作为参照物进行绝对定位。对导航条中的各个超链接设置向左浮动，以便实现对超链接设置宽度，并使用伪类选择器设置二级菜单中超链接的鼠标指针悬停时的状态。使用链接式将上述样式设置代码应用到 HTML 文档中。

在二级菜单的<nav></nav>后面添加<script></script>标签对，在其中使用 DOM 技术获得一级菜单中的各个 li 元素对象，然后使用循环语句遍历每一个 li 元素对象，在循环体中分别处理 li 元素对象的 onmouseover 和 onmouseout 事件。onmouseover 事件中显示二级菜单，同时修改一级菜单中的当前菜单项的背景颜色和字体重量。onmouseout 事件则隐藏二级菜单，并使一级菜单中的当前菜单项的背景颜色和字体重量还原。

# 6.7　实验指导

（1）新建一个 HTML 文档，并将文档标题设置为"使用 CSS 和 JavaScript 创建二级菜单"。
（2）在文档的头部区域添加以下代码链接外部 css 文件：

```
<link rel="stylesheet" type="text/css" href="css/menu.css"/>
```

（3）在文档的主体区域<body></body>标签对之间使用<header>、<nav>、<ul>、<li>和<a>标签搭建网页结构，并根据图 6-1 所示结果填充代码中缺失的内容。

```
<body>
  <header>
```

```
<nav id="nav">
 <ul>
   <li><a href="#">首页</a></li>
   <li>
     <a href="#">跟团游</a>
     <nav class="subNav">
      <a href="#">出境跟团</a>
      <a href="#">国内跟团</a>
      <a href="#">周边跟团</a>
      <a href="#">牛人专线</a>
     </nav>
   </li>
   <li>
     <a href="#">...</a>
     <nav class="subNav">
      <a href="#">...</a>
      ...
     </nav>
   </li>
   <li>
     <a href="#">...</a>
     <nav class="subNav">
      <a href="#">...</a>
      ...
     </nav>
   </li>
   <li>
     <a href="#">...</a>
     <nav class="subNav">
      <a href="#">...</a>
      ...
     </nav>
   </li>
   <li>
     <a href="#">...</a>
     <nav class="subNav">
      <a href="#">...</a>
      ...
     </nav>
   </li>
   <li>
     <a href="#">...</a>
     <nav class="subNav">
      <a href="#">...</a>
      ...
     </nav>
   </li>
   <li>
     <a href="#">...</a>
     <nav class="subNav">
```

```
        <a href="#">...</a>
        ...
      </nav>
    </li>
    <li>
      <a href="#">...</a>
      <nav class="subNav">
        <a href="#">...</a>
        ...
      </nav>
    </li>
    </ul>
  </nav>
 </header>
</body>
```

（4）在当前 HTML 页面同一目录下创建 css 文件夹，并在 css 文件夹中创建 menu.css 样式文件，然后在 menu.css 中分别编写下面第（5）步~第（13）步中的 CSS 代码。

（5）使用元素选择器设置网页文字的字体为微软雅黑，字号为 14px，外边距为 0，文本水平居中。

```
body{
    margin:...;
    text-align:...;
    font-family:...;
    font-size:...;
}
```

（6）使用元素选择器设置页眉背景颜色为#999，上、下内边距为 10px，左、右内边距为 0。

```
header{
    background:...;
    padding:...;
}
```

（7）使用 ID 选择器设置一级菜单的 nav 盒子宽度为 900px，高度为 30px，并在 header 盒子中水平居中。

```
#nav{
    width:...;
    height:...;
    margin:...;
}
```

（8）使用后代选择器设置 ul 盒子的内、外边距为 0，并取消列表项前导符。

```
#nav ul{
    padding:...;
    margin:...;
    list-style-type:...;
}
```

（9）使用后代选择器设置 li 盒子相对定位，并且偏移量为 0，向左浮动，盒高和行高都为 30px，溢出内容隐藏。

```
#nav ul li{
    position:...;
```

```
        float:...;
        height:...;
        line-height:...;
        overflow:...;
    }
```

思考：为什么要设置 li 元素相对定位以及向左浮动?

（10）使用后代选择器设置 li 盒子中的超链接向左浮动，宽度为 100px，前景颜色为白色，没有下画线。

```
#nav ul li a{
        float:...;
        width:...;
        color:...;
        text-decoration:...;
    }
```

思考：为什么要设置 a 元素向左浮动?

（11）使用类选择器设置二级菜单的 nav 盒子宽为 200px，4 个方向的内边距为 5px，背景颜色为#666，并相对父元素右上角绝对定位，偏移量为（0,30px）。

```
.subNav{
        position:...;
        width:...;
        top:...;
        right:...;
        padding:...;
        background:...;
    }
```

（12）使用后代选择器设置二级菜单中的 a 元素的字体重量为正常。

```
#nav ul li .subNav a{
        font-weight:...;
    }
```

注意

该设置通过最近优先原则重置了鼠标指针移入事件中 li 元素的样式。

（13）使用后代+伪类选择器设置二级菜单中的超链接前景颜色为红色，背景颜色为#999。

```
#nav ul li .subNav a:hover{
        color:...;
        background:...;
    }
```

（14）在页面的</header>标签后面添加<script></script>标签对，在其中编写以下 JavaScript 代码，并根据注释补充以下 JavaScript 代码：

```
<script language="javascript">
    var aLi=...;/*使用 document 对象的相关方法获取所有 li 元素*/
    for(i=0;i<...;i++){/*使用循环语句遍历上面获取的所有 li 元素*/
      aLi[i]....=function(){/*使用匿名函数处理鼠标指针移入事件*/
        this.style.fontWeight="...";/*设置遍历到的 li 元素的字体加粗*/
        ...="visible";/*设置遍历到的 li 元素的溢出内容可见*/
```

```
        ...="#666";  /*设置遍历到的 li 元素的背景颜色为#666*/
      };
      aLi[i].onmouseout=...{
        ...="normal";  /*设置字体重量正常*/
        ...="#999"/*设置遍历到的 li 元素的背景颜色为#999*/
        ...="hidden";  /*设置遍历到的 li 元素的溢出内容隐藏*/
      };
    }
  </script>
```

# 6.8　附加实验

（1）使用 display 属性设置二级元素的显示与否。

① 在一级菜单中除"首页"链接所在的<li>标签保持不变外，其他链接所在的<li>标签全部添加一个类名。

② 二级菜单使用 display 属性将初始显示状态设置为 none。

③ 在事件处理代码中，通过触发事件的菜单项对象调用 getElementsByClassName()方法得到相应的二级菜单对象，然后由该对象引用 display 属性设置 block 或 none 值。

（2）上述 JavaScript 代码插入页面主体，使得 JavaScript 代码和 HTML 代码混杂在一块，不利于代码阅读和日后的维护。请使用以下两种方式分离 JavaScript 代码和 HTML 代码。

① 根据前面"this 关键字的使用"知识点内容介绍的示例，将主体内容中的 JavaScript 代码剥离出来，然后将它们作为 window 的 onload 事件的处理程序代码，放到页面的头部区域中。

② 将上面放到头部区域的 JavaScript 代码放到一个 JavaScript 文件中，然后在头部区域使用<script>引用这个 js 文件。

# 6.9　实验总结

本实验主要使用了<header>、<nav>、<ul>、<li>和<a>标签。导航条作为页眉内容放到<header>标签中，导航条使用<nav>来定义，为便于布局导航条中的菜单，使用了无序列表来排列菜单。

元素的样式设置主要使用了元素、类、伪类和后代选择器，实现了字号、字体族、内外边距、背景颜色、前景颜色、盒子大小、文本水平居中显示、盒子相对父盒子水平居中显示、浮动和定位排版等样式设置，并使用了链接的方式将 CSS 样式应用到 HTML 文档中。

本实验通过 JavaScript 处理鼠标指针移入和移出事件，实现二级菜单的显示和隐藏等状态的动态切换。二级菜单的显示和隐藏可通过 JavaScript 动态设置 overflow 属性或 display 属性不同的值来实现切换。通过 window 的 onload 事件，还可以实现 JavaScript 代码从页面主体中剥离出来放到页面头部区域或外部 js 文件中。

# 使用 JavaScript+CSS 实现选项卡切换

## 7.1　实验目的

✦　掌握<div>、<ul>、<li>等标签的使用。

✦　掌握使用 CSS 进行盒子外观、背景颜色、文本水平居中、单行文本垂直居中、网页在浏览器窗口水平居中、列表类型、块级元素的显示与否等样式设置。

✦　掌握浮动排版及 CSS 在 HTML 页面中的应用方式。

✦　掌握事件处理、JavaScript 循环语句、JavaScript 数组、使用 DOM 获取元素对象、索引属性的定义。

✦　掌握将 JavaScript 函数嵌入 HTML 文档。

## 7.2　实验环境

✦　开发工具：Dreamweaver、WebStorm 等工具。

✦　运行环境：Google Chrome 浏览器。

## 7.3　实验内容

使用 JavaScript+CSS 实现选项卡切换。初始状态下，选项卡 1 被选中，此时该选项卡的背景颜色为橙色，其他选项卡背景颜色为浅灰色，选项卡下面显示选项卡 1 的内容，效果如图 7-1 所示。

将鼠标指针移到其他选项卡上时，选项卡的背景颜色发生切换，同时内容区域切换显示对应选中的选项卡的内容，效果如图 7-2 所示。

要求：网页的所有外观表现全部使用 CSS 来设置。

图 7-1 选项卡初始状态

图 7-2 鼠标指针移到选项卡 3 时的状态

# 7.4 相关知识点介绍

本实验涉及了 HTML、CSS 和 JavaScript 三个方面的知识点。HTML 方面包括：<div>、<ul>、<li>等标签的使用。CSS 方面包括：边框、背景颜色、宽度、高度、文本水平居中、单行文本垂直居中、网页在浏览器窗口水平居中、列表类型、块级元素的显示与否、浮动排版等样式设置及将这些样式代码链接到 HTML 文档等知识点。JavaScript 方面包括：事件处理、JavaScript 循环语句、JavaScript 数组、使用 DOM 获取元素对象、索引属性的定义以及将 JavaScript 代码插入 HTML 文档等知识点。这些知识点中，除了索引属性的定义外，其他知识点前面各个实训中都陆续介绍过了，在此就不再赘述了，下面只介绍索引属性的自定义。

当希望一组元素和某个数组中的元素匹配或建立对应关系时，我们可以通过对该组元素中的每个元素添加一个索引属性，并且属性的取值等于对应的数组元素的下标来实现。例如希望一组按钮和一个数组中的元素一一对应，则可通过对其中的每个按钮添加一个索引属性，令属性的取值等于对应的数组元素的下标来实现。实现代码如下：

```
<head>
<script>
window.onload = function(){
```

```
        var aBtn = document.getElementsByTagName('input'); /*得到一个以各个按钮为元素的数组*/
        var arr = ['添加','编辑','删除'];/*创建数组*/
        for(var i = 0; i < arr.length; i++){
            aBtn[i].index = i; /*自定义索引属性，索引值等于 arr 数组的下标*/
            aBtn[i].onclick = function(){
                        /*通过索引属性建立按钮和数组元素的对应关系*/
                        aBtn[this.index].value = arr[this.index];
            };
        }
    };
    </script>
    </head>
    <body>
      <input type="button" value="btn0">
      <input type="button" value="btn1">
      <input type="button" value="btn2">
    </body>
```

# 7.5　实验分析

通过对图 7-1 所示页面的分析可知，整个页面由选项卡和内容显示区域两部分组成，为了布局的便利，在这两部分的外面又加了一个 div 容器盒子。对于选项卡我们可以使用无序列表来创建，每个选项卡作为一个列表项；而内容显示区域则使用 div 盒子，由于每个选项卡对应不同的内容，所以有三个内容显示 div。由此可知，页面的结构代码如下：

```
<body>
    <div>
        <ul>
            <li></li>
            <li></li>
            <li></li>
        </ul>
        <div></div>
        <div></div>
        <div></div>
    </div>
</body>
```

由前面的分析可知，每个选项卡都是一个无序列表项。默认情况下，无序列表项存在前导符，并且各自独占一行。由此可知，需要设置列表类型为 none 以取消列表项的前导符，并使用浮动排版使选项卡横排在一行。另外，ul 元素默认存在 40px 的左内边距和 14px 的上、下外边距，为了不影响布局，还需要重置 ul 元素的内外边距为 0。

整个页面在样式设置上，除了上面所述的列表类型和浮动排版样式外，还包括边框、背景颜色、宽度、高度、文本水平居中、单行文本垂直居中、网页在浏览器窗口水平居中等样式。

根据图 7-1 以及上面的页面结构代码，我们可看出，页面中的边框涉及 ul、li 和子 div 三个元素。对 ul 元素可设置左边框和下边框，li 元素可设置右边框和上边框，子 div 元素可设置除上边框之外的其他 3 个边框。由于本实验使用的元素都是块级元素，默认情况下，这些元素的宽度等于父元素宽度减左、右内边距，高度则由所容纳的子元素的高度决定。但如果所有子元素都设置了浮动或定位，则元素的高度将不再由子元素决定，此时元素的高度将等于上、下内边距之和。而显示内容的 div 因内容只有一行文本，文本的高度显然不等于 div 的高度。由此可知，需要设置宽度的元素有最外层的 div、ul 和 li，子 div 的宽度则由父 div 来决定，所以可以不用设置。需设置高度的元素有 ul、li 和子 div。文本水平居中和垂直设置，主要是针对选项卡中的文本，所以可以针对 li 元素来设置。对水平居中使用 text-align 属性设置，垂直居中，则需要设置行高，并且值等于 li 元素的高度。网页在浏览器窗口水平居中其实就是最外层 div 盒子在 body 盒子中水平居中，这只需要设置 div 的左、右外边距自动。另外，页面宽度并没有占满整个浏览器窗器，所以需要设置最外层 div 盒子的宽度。为了在设置样式时，能区分最外层 div 和里层的子 div，需要给外层 div 增加一个类名或 ID 名。

当鼠标移到选项卡上时，鼠标指针需要变成手指形状，为此，还需要对 li 元素设置 cursor 属性值为 pointer。

背景颜色既可使用 background 属性设置，也可使用 background-color 属性设置，需要设置的元素为所有的 li 元素和选中的选项卡（li 元素）。对此我们可以使用 li 元素选择器为所有的 li 元素设置统一的背景颜色，然后对选中的选项卡设置背景颜色，以重置 li 元素选择器设置的背景颜色。那么如何才能选出选中的选项卡呢？答案是给选中的选项卡增加一个类名（即 class 属性值，假设值为 act）。由实验描述可知，初始状态下，选项卡 1 被选中。所以初始状态下，需要对第一个 li 元素设置 act 类名，同时以该类名为选择器设置图 7-1 所示的背景颜色。不包含 act 类名的选项卡表示没有选中，而包含该类名的选项卡表示选中。由此可知，当鼠标移到某个选项卡上时，该选项卡具有标识被选中的类名 act，而其他选项卡不具有这个类名。

由实验描述及图 7-1 和图 7-2 可知，初始状态下，选项卡 1 被选中后背景颜色改变，其对应的内容 div 显示。对选项卡 1 初始状态的处理请见上面背景颜色设置的分析，在此不再赘述。这里说一下内容 div 的显示设置。我们知道，每个选项卡对应一个内容 div，假设选项卡和内容 div 是一一对应的，则初始状态下，第一个内容 div 显示，第二和第三个内容 div 不显示。因为 div 默认是块级元素，所以要让 div 不显示，需要对它设置 display 样式为 none。因此，在初始状态，需要对第二、三个内容 div 设置 display:none 样式代码。为了重用这个样式代码，可将这个样式代码作为类选择器代码，同时将类选择器名分别作为第二、三个内容 div 标签的类名（假设为 hide）。可见，不包含 hide 类名的内容 div 将显示，而包含该类名的内容 div 则不显示。由此可知，当鼠标指针移到某个选项卡上时，保证该选项卡对应的内容 div 不具有 hide 类名，而其他内容 div 具有这个类名即可实现。

由图 7-2 可知，鼠标指针移到选项卡时，选项卡的背景颜色和内容显示区域中的内容需要动态变化，这是本实验最关键的功能。这个功能需要通过 JavaScript 鼠标指针移入事件处理代码来实现。在该事件处理代码中，我们需要首先分别获取所有的选项卡和所有的内容 div，然后使用循环语句对选项卡进行遍历，在遍历每个选项卡时需要对它处理鼠标指针移入事件。在处理该事件时，首先需要确保所有选项卡不具有 act 类名以及所有内容 div 具有 hide 类名，然后对选中的选项卡设置 act 类名，并且设置其对应的内容 div 不具有 hide 类名。

鼠标指针移入事件处理代码在执行前必须加载完页面的所有元素，所以如果按这个执行顺序来编写 JavaScript 代码，鼠标指针移入事件处理代码必须出现在页面的主体区域，为了尽量分离

HTML 和 JavaScript 代码，我们可以通过添加 window 的加载事件，将这些 JavaScript 代码从页面主体中分离出来放到页面的头部区域或一个外部 js 文件中。从这个实验开始，我们采用符合 Web 标准的方法，即将 JavaScript 代码放到 js 文件，然后通过<script>引用这个 js 文件的方法来插入 JavaScript 代码。

鼠标指针移入事件处理程序要实现上面所说的那些功能，就得建立选项卡和内容 div 的对应关系。那么如何才能建立这两者之间的对应关系呢？答案是给每个选项卡自定义一个索引属性，然后使用索引属性值作为数组下标来引用前面使用 DOM 技术获得的选项卡和内容 div 对象数组元素。

# 7.6　实验思路

在<body></body>之间使用<div>、<ul>和<li>标签搭建如"实验分析"内容中所示的页面结构，并分别给外层 div 增加一个类名或 ID 名，给第一个<li>增加类名 act，给第二、三个子<div>增加类名 hide。

使用类选择器设置外层容器盒子 div 的宽度和左、右外边距自动，以实现 div 在文档窗口中水平居中；使用 ul 元素选择器取消列表项的前导符，重置 ul 的内、外边距，并设置高度、左边框和上边框等样式；使用 li 元素选择器设置 li 元素向左浮动，以及设置宽度、高度、行高、背景颜色、右边框和上边框，并设置鼠标指针为手指形状；使用类选择器分别设置选中选项卡的背景颜色和第二、三个内容 div 隐藏；使用后代选择器设置内容 div 的内边距、高度和边框等样式；使用链接式将上述样式设置代码应用到 HTML 文档中。

在头部区域添加 <script src="xxx.JavaScript" type="text/javascript"></script> 将 xxx.js 的 JavaScript 代码引入 HTML 文档。在 xxx.JavaScript 文件中，添加 window.onload 事件，事件处理代码首先使用 DOM 技术分别获取所有选项卡和所有内容 div 对象，然后使用 for 循环语句给每个选项卡自定义索引属性，并定义每一个选项卡的鼠标指针移入事件。在鼠标指针移入事件处理程序中，首先使用 for 循环语句使所有选项卡都没有类名，而内容 div 都具有 hide 类名。然后对当前选项卡设置 act 类名，并且使其对应的内容 div 没有类名。

# 7.7　实验指导

（1）新建一个 HTML 文档，并将文档标题设置为"使用 CSS 和 JavaScript 实现选项卡切换"。
（2）在文档的头部区域添加以下代码链接外部 css 文件：

```
<link rel="stylesheet" type="text/css" href="css/tab.css"/>
```

（3）在文档的主体区域<body></body>标签对之间使用<div>、<ul>和<li>标签搭建网页结构，给相应的标签添加类名，并根据图 7-1 所示结果填充代码中缺失的内容。

```
<body>
  <div class="box">
    <ul>
      <li class="act">选项卡 1</li>
```

```
        <li>...</li>
        <li>...</li>
    </ul>
    <div>选项卡 1 内容</div>
    <div class="hide">...</div>
    <div class="hide">...</div>
  </div>
</body>
```

（4）在当前 HTML 页面同一目录下创建 css 文件夹，并在 css 文件夹中创建 tab.css 样式文件，然后在 tab.css 中分别编写下面第（5）步～第（11）步中的 CSS 代码。

（5）使用元素选择器设置网页文字的字体为微软雅黑，字号为 12px，行间距为 18px。

```
body{
    font:...;
}
```

使用 font 属性可同时设置字体格式、字体重量、字号/行高和字体族。设置格式如下：

```
font:[font-style] [font-weight] font-size/line-height font-family;
```

（6）使用类选择器设置最外层的 div 宽为 350px，左、右外边距自动，上、下外边距为 20px。

```
.box{
    width:...;
    margin:...;/*使盒子在窗口中水平居中*/
}
```

（7）使用元素选择器设置 ul 盒子的内、外边距为 0，高度为 25px，左边框和下边框为 1px、#ccc 颜色的实线，列表类型为 none。

```
ul{
    margin:...;
    padding:...;
    height:...;
    border-bottom:...;
    border-left:...;
    list-style:...;/*不显示列表项的前导符*/
}
```

（8）使用元素选择器设置 li 盒子向左浮动，宽度为 90px，高度和行高为 25px，文本水平居中，右边框和上边框为 1px、#ccc 颜色的实线，背景颜色为#f5f5f5，并且鼠标指针为手指形状。

```
li{
    float:...; /*浮动排版*/
    width:...;
    height:...;
    line-height:...; /*使选项卡上的文本垂直居中*/
    text-align:...;
    border-top:...;
    border-right:...;
    background:...;
    cursor:...; /*使鼠标指针移到选项卡上时指针变成手指形状*/
}
```

（9）使用类选择器设置指定的内容 div 隐藏。

```
.hide{
    display:...;/*隐藏内容块*/
}
```

（10）使用类选择器设置选中选项卡的背景颜色为#FC9。

```
.act{/*当前选项卡*/
    background:...;
}
```

（11）使用后代选择器设置内容 div 的内边距为 20px，高度为 160px，左、右和下边框为 1px、#ccc 颜色的实线，且没有上边框。

```
.box div{
    padding:...;
    height:...;
    border:...;
    border-top:...;
}
```

（12）在当前 HTML 页面同一目录下创建 js 文件夹，并在 js 文件夹中创建 tab.js 脚本文件，然后在页面的头部区域添加以下代码：

```
<script src="js/tab.js" type="text/javascript"></script>
```

（13）打开 tab.js 文件，在其中编写以下 JavaScript 代码，并根据注释补充以下 JavaScript 代码：

```
window.... = function(){/*window 的加载事件处理*/
    var aTab = document....; /*使用标签名 li 获取所有选项卡*/
    var content = document....[0];/*使用类名获取最外层的 div*/
    var aDiv = content....; /*使用父 div（最外层 div）对象及标签名 div 获取所有内容 div*/
    var len = aTab....; /*获取选项卡个数*/
    for(var i=0; i<..; i++){ /*循环遍历选项卡，并处理每个选项卡的 onmouseover 事件*/
        aTab[i].index = ...; /*index 是自定义属性，并且属性值等于循环变量值*/
        aTab[i].... = function(){/*选项卡的鼠标指针移入事件处理*/
            for(i=0; i<len; i++){
                aTab[i].... = ''; /*取消每个选项卡的类名*/
                aDiv[i].... = 'hide'; /*设置每个内容 div 的类名为 hide，隐藏所有内容 div*/
            }
            aTab[this.index].... = ...; /*设置当前选项卡的类名为 act，使之作为选中选项卡*/
            aDiv[this.index].... = ''; /*取消当前选项卡对应内容 div 的类名，使之显示*/
        };
    }
};
```

# 7.8  实验总结

本实验主要使用了<div>、<ul>和<li>标签，其中<div>共有 4 个，一个作为整个选项卡页面的外层容器，以控制页面的大小及在窗口中水平居中，另外三个则作为对应选项卡的内容窗口。选项卡则使用了<li>来创建，并对其使用了向左浮动，使各个选项卡横排在一行。

　　元素的样式设置主要使用了元素、类和后代选择器，实现了字体、内外边距、背景颜色、盒子大小、文本水平居中显示、盒子相对父盒子水平居中显示、浮动排版以及列表项前导符的取消和游标设置等样式设置，并使用了链接的方式将 CSS 样式应用到 HTML 文档中。

　　使用 JavaScript 的鼠标指针移入事件处理实现了动态切换选项卡及修改选中选项卡的背景颜色。通过对选项卡定义索引属性建立了选项卡和显示内容 div 的一一对应关系。通过增加 window 的加载事件，实现了 JavaScript 代码和 HTML 结构代码的分离，并通过使用<script>引用外部 js 文件的方式将 JavaScript 代码插入 HTML 页面。

# 实训 8
# 使用定时器实现图片轮播

## 8.1　实验目的

❖　掌握<div>、<img>、<ul>、<li>等标签的使用。

❖　掌握使用 CSS 进行盒子外观、背景颜色、文本水平居中、元素类型、鼠标指针等样式设置，以及 CSS 在 HTML 页面中的应用方式。

❖　掌握定时器的创建及清除、事件处理、JavaScript for 循环语句的使用、JavaScript 数组的创建及使用、JavaScript 函数的定义及调用、使用 DOM 获取元素对象、索引属性的定义及使用。

❖　掌握将 JavaScript 代码插入 HTML 文档的方式。

## 8.2　实验环境

❖　开发工具：Dreamweaver、WebStorm 等工具。

❖　运行环境：Google Chrome 浏览器。

## 8.3　实验内容

（1）在黑色背景的窗口中，有四张图片需要逐一显示。初始状态下，显示第一张图片，此时图片正下方的一排四个圆点中，第一个圆点为红色背景的圆点，而其他圆点为白色背景，效果如图 8-1 所示。

（2）单击图片下面的圆点时会切换显示图片，同时被单击的圆点的背景颜色会变为红色，而对应切换前的图片的圆点的背景颜色变为白色。

（3）每隔 2 秒，图片自动切换显示下一张，并且下面的一排圆点中对应的圆点为红色背景，而其他圆点为白色背景，效果如图 8-2 所示。

（4）默认情况下，图片每隔 2 秒会自动切换，当显示到最后一张时又会从每一张图片开始切换。

图 8-1 播放第一张图片

图 8-2 播放第三张图片

（5）当将鼠标指针移到图片上时，图片将停止切换。从图片上移开鼠标指针，将继续每隔 2 秒切换一张图片。

（6）鼠标指针移入每个圆点时，鼠标指针变为手指形状。

要求：网页的所有外观表现全部使用 CSS 来设置。

# 8.4 相关知识点介绍

本实验涉及了 HTML、CSS 和 JavaScript 三个方面的知识点。HTML 方面包括：<div>、<img>、<ul>、<li>等标签的使用。CSS 方面包括：边框、背景颜色、宽度、高度、文本水平居中、元素类型、鼠标指针等样式设置及将这些样式代码链接到 HTML 文档等知识点。JavaScript 方面包括：定时器的创建及清除、事件处理、JavaScript for 循环语句的使用、JavaScript 数组的创建及使用、JavaScript 函数的定义及调用和使用 DOM 获取元素对象、索引属性的定义及使用以及将 JavaScript 代码插入 HTML 文档等知识点。这些知识点中，除了定时器的创建及清除外，其他知识点在前面各个实训中都陆续介绍过了，在此就不再赘述，下面只介绍定时器的创建及清除。

定时器的功能是：在规定的时间自动执行某个函数。根据定时器执行的机制，定时器分为间歇定时器和延迟定时器。前者是每间歇一段时间就会执行指定的函数；后者是在指定的时间到期后就会执行指定的函数。间歇定时器会以指定的间歇时间作为周期循环不断地执行函数；而延迟定时器只在时间到期时执行一次函数。

### 1. 间歇定时器的创建

间歇定时器由 window 对象的 setInterval()方法创建。在 JavaScript 中，对象方法的调用格式通常为：对象名.方法，但由于 window 对象是全局对象，访问同一个窗口中的方法时，可以省略对象名 "window"，所以调用 window 对象方法时，通常都是直接使用方法。使用 setInterval()方法创建间歇定时器的格式如下：

```
[定时器对象ID = ]setInterval(函数调用 | 函数定义,毫秒);
```

第一个参数就是定时器需要定时执行的函数，该参数可以是一个用函数名表示的函数调用语句，也可以是一个函数定义语句。第二个参数是一个单位为毫秒的数值，表示每隔由第二个参数设定的毫秒数，就执行第一个参数指定的操作。setInterval()方法执行后将返回一个唯一的数值 ID。

通过定时器返回的 ID，可以清除定时器。清除间歇定时器的格式如下：

```
clearInterval(定时器对象ID);
```

间歇定时器创建及清除示例如下：

```
function fn(){
    alert("创建间歇定时器");
}
var timer = setInterval(fn,1000);  /*定时器第一个参数为函数调用语句*/

/*以上代码等效下面的代码*/
setInterval(function(){
    alert("创建间歇定时器")
},1000);  /*定时器的第一个参数为函数定义语句，注：定义的函数可以匿名或有名，但通常都定义为匿名*/

clearInterval(timer);  /*清除前面定义的定时器*/
```

### 2. 延迟定时器的创建

延迟定时器由 window 对象的 setTimeout()方法创建，创建格式如下：

```
[定时器对象ID = ]setTimeout(函数调用 | 函数定义,毫秒);
```

第一个参数就是定时器需要定时执行的函数，该参数可以是一个用函数名表示的函数调用语句，也可以是一个函数定义语句；第二个参数是一个单位为毫秒的数值，表示经过第二个参数所设定的时间后，执行一次第一个参数指定的操作。setTimeout()方法执行后同样会返回一个唯一的数值 ID。

通过定时器返回的 ID，可以清除定时器。清除延迟定时器的格式如下：

```
clearTimeout(定时器对象ID);
```

# 8.5　实验分析

在图 8-1 中，我们看到圆点结构整齐划一，因此容易想到这些圆点很有可能就是一些无序列表项，那么一个作为列表项的圆点是什么？是插入的图片吗？假设是图片的话，则需要准备白色背景和红色背景的两张图片，然后使用 JavaScript 代码首先获得该 img 元素对象，然后修改它的 src 属性值，这样处理，虽然也可以得到我们要的效果，但相对麻烦一点。其实有一个比较简单的处理方法，就是使用没有任何内容的无序列表项，然后设置列表项 li 的宽、高以及边框半径，要求宽、高相等，并且边框半径设置为只比宽、高小一点的值（比如小 2~3px），这样设置后就可以得到一个圆点了。这样要切换圆点的背景颜色就只需重置指定 li 元素的背景颜色。

由上述分析，我们可知整个页面由图片和无序列表两块内容组成，另外，为了布局的需要，在这两块内容的外面又加了一个 div 容器盒子。由实验描述可知，图片与列表项是一一对应的，而图片共有 4 张，所以无序列表也有 4 个。由此可知，页面的结构代码如下：

```
<body>
  <div>
    <img>
    <ul>
      <li></li>
      <li></li>
      <li></li>
      <li></li>
    </ul>
  </div>
</body>
```

**注意**　当图片个数允许动态变化时，无序列表<li></li>代码需要使用 JavaScript 动态生成。

由前面的分析可知，每个圆点都是一个可以设置大小的无序列表项。默认情况下，无序列表项各自独占一行，为此要修改 li 元素类为 inline-block，以使各个圆点横排在一行，并且能调整大小以及自动取消列表项前面的前导符。另外，ul 元素默认存在 40px 的左内边距和 14px 的上、下外边距，为了不影响布局，还需要重置 ul 元素的内外边距为 0。由图 8-1 可看到，圆点和图片之间以及圆点之间存在一定的距离，圆点和图片之间的距离可由图片的下外边距或 ul 的上外边距产生，而圆点之间的距离可由 li 的左外边距或右外边距产生。图 8-1 中除了对应显示图片的圆点（称为当前圆点）的背景颜色为红色外，其他圆点的背景颜色都是白色，为此可以使用 li 元素选择器来统一设置所有圆点的背景颜色为白色，至于当前圆点的背景颜色则需在后面针对该圆点再次设置一次背景颜色，后设置的背景颜色将覆盖前面的白色背景。为了能取出当前圆点，需要给它设置类名或 ID 名。由于当前圆点会动态变化,因此对动态变化的当前圆点的背景需要通过 JavaScript 来设置样式属性，如果希望 JavaScript 设置的样式为嵌入的或链接的，则只能设置类名（假设类名为 active）。对于初始状态下的当前圆点的背景颜色需要使用 CSS 设置。另外，由实验描述可知，鼠标指针移到每个圆点上时，鼠标指针会变为手指形状，所以需要对 li 元素设置 cursor 属性为

pointer。

图片和列表项分别作为块级元素 div 和 ul 的内容盒子，从图 8-1 可看出，这些盒子需要在浏览器窗口中水平居中，为此可对 div 和 ul 分别设置文本水平居中对齐样式，也可由 body 统一设置。页面背景颜色为黑色，由 body 设置即可。另外，为了保证每张图片的大小一样，需要对图片设置宽和高。

本实验最关键的功能有：图片和圆点及其背景自动切换，单击圆点时切换图片和圆点及圆点背景，鼠标指针移入图片时停止切换以及鼠标指针移出图片时继续自动切换。这些功能都需要使用 JavaScript 来实现。

由实验描述，我们知道本实验显示的图片共有 4 张，为此，我们可以将这些图片存储在一个数组中，在显示时直接通过下标从这个数组中读取图片。而圆点则通过 DOM 技术获取所有 li 元素得到，这个结果是一个数组，其中每个元素都是一个 li 元素对象。由此可知，在实现这些核心功能之前，首先需要创建一个存储图片文件名的数组以及一个存储了通过 DOM 技术获取所有 li 元素对象的数组。

图片和圆点及其背景自动切换是通过定时器来实现每隔一定时间自动调用一次指定函数。由上面的分析，我们知道，需要显示的图片都存储在一个数组中，所以在定时器调用的函数中需要首先获取图片对应的数组下标。在初始状态下显示的是数组中第一个元素指定的图片，即对应数组下标为 0 的元素，在后续自动切换图片时依次显示数组下标为 1～3 的元素所指定的图片。当显示到数组存储的最后一张图片后，将再次从第一张图片开始依次轮播显示。可见，对每一轮显示，下标都是从 0 开始依次递增的，一旦值超过 3 时，将变回 0。由此，我们可以声明一个初始值为 0 的全局数值变量来存放这个下标。然后在函数执行过程中递增这个变量值，同时使用变量值对 4 进行求模（%4），并使用模值修改变量值。这样就可以在每一轮切换图片时，都能得到 0～3 的下标。

接下来就是图片的显示及圆点背景颜色的设置。首先将图片数组中对应指定下标的元素作为 img 元素对象的 src 属性值以显示图片。然后使用循环语句设置所有圆点为白色背景，通过取消每个遍历到的列表项元素的类名，使列表元素 li 使用前面编写的 li 元素选择器中设置的白色背景。最后使用对应显示图片的下标从列表项数组中获取对应显示图片的圆点，并设置该圆点的背景颜色为红色，从而通过设置该列表项元素的类名为 active，使圆点能使用 active 类选择器设置红色背景。

每个圆点都可以实现单击圆点时切换图片和圆点及圆点背景。单击圆点时触发单击事件，事件的响应为显示对应圆点的图片，以及单击的圆点的背景变为红色。这个单击事件的响应其实就是一次圆点及其背景的自动切换，和使用定时器实现显示切换原理完全一样，唯一不同的就是：使用的数组下标不一样。在单击事件的处理程序中，使用的数组下标是对应单击的列表 li 元素对象的下标，这个值需要作为图片数组的下标来读取对应的图片。由此可见，图片和圆点之间需要建立对应的关系，可使用实训 7 中介绍的"自定义索引属性"方法。在这里我们可以给每个 li 元素对象定义一个索引属性，然后在单击事件处理程序中使用这个索引属性值修改前面声明的 num 全局数值变量。接下来就可以执行与定时器中完全一样的图片和圆点及圆点背景颜色的切换了。

分析至此，我们发现在定时器调用的函数以及单击圆点的事件处理程序代码中，存在完全相同的处理图片和圆点及圆点背景颜色的切换代码。另外，当 num 变量的值取 0 时，这些代码其实就是初始状态下图片显示和圆点背景颜色的设置。可见如果在每个地方都直接用这些代码来实现功能，将存在大量的冗余代码，所以应采取措施减少冗余。这个措施就是重用相同的代码。方法是将这些相同的代码定义为一个函数，然后在需要用的地方直接调用这个函数。

鼠标指针移到图片上时将触发鼠标指针移入事件，该事件的处理是停止图片切换，通过清除定义实现图片切换的定时器即可实现。为了能清除定时器，需要将定义定时器返回的 ID 赋给一个全局变量。鼠标指针移出图片时触发鼠标指针移出事件，该事件的处理是继续自动切换图片，处理代码和前面定义的定时器完全相同，为此也应进行代码重用。方法就是将定时器定义代码定义为一个函数，然后在需要的地方调用该函数。

# 8.6 实验思路

在<body></body>之间使用<div>、<img>、<ul>和<li>标签搭建如本章实验分析内容中所示的页面结构。

使用 body 选择器设置文档窗口的背景颜色以及文本水平居中；使用 img 元素选择器设置图片的宽高；使用 ul 元素选择器重置 ul 的内、外边距为 0；使用 li 元素选择器设置 li 元素宽高、背景颜色、边框半径、左外边距、元素类型为 inline-block，以及鼠标指针为手指形状；使用类选择器重置对应显示图片的圆点的背景颜色为红色；使用链接方式将上述样式设置代码应用到 HTML 文档中。

在头部区域添加<script src="xxx.js" type="text/javascript"></script>以将 xxx.js 的 JavaScript 代码引入 HTML 文档。在 xxx.js 文件中，添加 window.onload 事件，事件处理代码首先使用 DOM 技术分别获取图片、所有圆点等对象，声明用于存储定时器 ID 的变量以及数组下标的变量 num，并对变量 num 赋 0 值。然后定义函数实现显示图片、所有列表项 li 不具有类名以及显示图片对应的 li 具有 active 类名等功能。接着调用该函数实现初始化设置。使用循环语句遍历每个 li 元素对象，给每个 li 元素对象定义索引属性，属性值为循环变量的值，并对每个 li 元素处理单击事件，实现显示单击圆点对应的图片，并设置所单击的圆点的背景为红色。定义一个函数实现每隔 2 秒切换图片和圆点及圆点的背景颜色。最后调用该函数实现自动切换显示。编写处理图片的鼠标指针移出事件代码，通过清除定时器实现停止显示切换。编写处理图片的鼠标指针移出事件代码，通过调用定时器的函数实现自动切换显示。

# 8.7 实验指导

（1）新建一个 HTML 文档，并将文档标题设置为"使用定时器实现图片轮播"。

（2）在文档的头部区域添加以下代码链接外部 css 文件：

```
<link rel="stylesheet" type="text/css" href="css/player.css"/>
```

（3）在文档的主体区域<body></body>标签对之间使用<div>、<img>、<ul>和<li>标签搭建网页结构。

```
<body>
  <div id="pic">
    <img src=""/>
    <ul>
```

```
      <li></li>
        <li></li>
        <li></li>
        <li></li>
      </ul>
    </div>
</body>
```

（4）在当前 HTML 页面同一目录下创建 css 文件夹，并在 css 文件夹中创建 player.css 样式文件，然后在 player.css 中分别编写下面第（5）步～第（9）步中的 CSS 代码。

（5）使用元素选择器设置文档窗口背景为黑色，并且文本水平居中。

```
body{
    text-align:...;
    background:...;
}
```

（6）使用元素选择器设置图片宽度为 300px，高度为 206px。

```
img{
    width:...;
    height:...;
}
```

（7）使用元素选择器设置 ul 盒子的内边距为 0，除上外边距为 10px 外，其余的外边距为 0。

```
ul{
    margin:...;
    padding:...;
    margin-top:...;
}
```

（8）使用元素选择器设置 li 盒子宽度为 9px，高度为 9px，边框半径为 7px，背景颜色为白色，左外边距为 10px，元素类型为 inline-block，并且鼠标指针为手指形状。

```
li{
    width:...;
    height:...;
    cursor:...;
    border-radius:...;
    margin-left:...;
    display:...;/*修改元素类型后，列表项前导符自动取消了*/
    background:...;
}
```

（9）使用类选择器设置显示图片对应的圆点的背景颜色为红色。

```
.active {
    background:...;
}
```

（10）在当前 HTML 页面同一目录下创建 js 文件夹，并在 js 文件夹中创建 player.js 脚本文件，然后在页面的头部区域添加以下代码：

```
<script src="JavaScript/player.js" type="text/javascript"></script>
```

（11）打开 player.js 文件，在其中编写以下 JavaScript 代码，并根据注释补充以下 JavaScript 代码：

```
window.... = function(){/*window 的加载事件处理*/
```

```
var oDiv = document.....;/*使用id名pic获取div元素*/

var oImg = oDiv....[0];/*使用父div及标签名img获取所有图片*/

var oUl = oDiv....[0];/*使用父div及标签名ul获取所有ul元素*/

/*创建数组，图片存储路径为images，图片名分别为p1.jpg,p2.jpg,p3.jpg,p4.jpg*/

var arrUrl = ['images/p1.jpg',...,...,...];

var aLi = oUl....;/*使用标签名li获取所有li元素（圆点）*/

var num = ...;/*声明一个初始值为0的数字变量*/

var timer = null;/*声明用于存储定时器返回的ID*/


/*定义函数，实现图片和圆点状态的设置*/
function fnTab(){
    oImg.src = ...;/*使用前面声明的变量num作为下标引用数组arrUrl元素*/
    for(var i = 0; i < ...; i++){/*遍历每一个li元素*/
        aLi[i].className = ...;/*取消每一个li元素的类名*/
    }
    ....className = ...;/*设置对应显示图片的li元素的类名为active*/
}

...; /*调用fnTab函数实现初始化设置*/

for(var j = 0; j < ...; j++){/*遍历每一个li元素*/
    aLi[j].index = ...; /*为每个列表项定义索引属性，属性值等于循环变量的值*/
    aLi[j].... = function(){/*处理li元素的单击事件*/
        num = ...; /*将当前对象的索引属性赋给变量num*/
        ...; /*调用fnTab函数实现图片和圆点状态的设置*/
    };
}

function autoPlay(){/*使用定时器实现每隔2秒自动切换图片和圆点及圆点背景*/
    timer = ...(function(){/*定义间歇定时器*/
        num++;
        num %= ...;/*使用num对arrUrl数组长度取模*/
        ...;/*调用fnTab函数实现图片和圆点状态的设置*/
    },2000);
}

...;/*调用autoPlay函数实现自动切换图片和圆点及其背景*/

oImg.... = function(){/*图片的鼠标移入事件处理，鼠标移到图片上停止图片切换*/
    ...;/*取消定时器timer
};
oImg.... = ...;/*图片的鼠标移开事件处理，鼠标移开图片后继续自动切换图片*/
};
```

# 8.8　实验总结

本实验主要使用了<div>、<img>、<ul>和<li>标签，其中<div>作为图片和圆点的外层容器，<ul>和<li>则用于创建圆点，圆点是通过设置 li 的宽高相等，并且边框半径与宽高相近的方式实现的，再通过修改 li 元素类型为 inline-block 使各个圆点横排在一行。

元素的样式设置使用了元素和类选择器，实现了内外边距、背景颜色、盒子大小、文本水平居中显示、类型和鼠标指针为手指形状等样式设置，并使用了链接的方式将 CSS 样式应用到 HTML 文档中。

本实验涉及了单击事件、鼠标移入事件、鼠标移出事件和窗口加载事件。通过单击事件的处理，实现了单击某个圆点时显示对应的图片及修改所单击的圆点的背景颜色功能；通过鼠标指针移入事件的处理，实现了停止图片自动切换功能；通过鼠标移出事件的处理，实现了继续自动切换图片和圆点及圆点背景颜色修改功能；通过窗口加载事件的处理，则实现了 JavaScript 代码和 HTML 结构代码的分离。自动切换图片和圆点及圆点背景颜色是通过定时器完成的，而停止图片的切换则是通过清除定时器实现的。从 HTML 中分离出来的所有 JavaScript 代码通过使用<script>引用外部 js 文件的方式将 JavaScript 代码插入 HTML 页面。

# 实训 9
# 使用正则表达式校验表单数据有效性

## 9.1　实验目的

◇　掌握表格、表单相关标签的使用。

◇　掌握使用 CSS 进行边框、边框合并、宽度、内边距等样式设置以及 CSS 在 HTML 页面中的应用方式。

◇　掌握使用正则表达式进行数据有效性校验，以及警告对话框的创建和表单提交的阻止。

◇　掌握将 JavaScript 代码插入 HTML 文档的方式。

## 9.2　实验环境

◇　开发工具：Dreamweaver、WebStorm 等工具。

◇　运行环境：Google Chrome 浏览器。

## 9.3　实验内容

（1）对图 9-1 所示的表单输入相应数据，在提交表单时需对用户输入的数据进行有效性校验。

（2）对图 9-1 中的各个数据的校验要求如下。

① 用户名要求：第一个字符为字母，其他字符可以是字母、数字、下画线等，并且长度为 3～10 个字符。

② 密码可以是任何非空白字符，长度为 6～15 个字符。

③ 身份证号为 15 位或 18 位数字，或 17 位数字后面跟一个 x 或 X。

④ E-mail 要求包含@，并且其左、右两边包含任意多个单词字符，左面则至少包含 1～3 个单词字符的子串。

⑤ 家庭电话要求格式为×××/××××-××××××××/×××××××××，其中"×"表示一个数字。

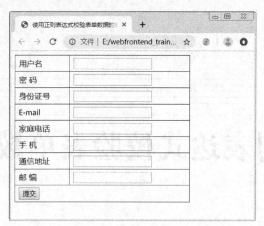

图 9-1　表单初始状态

⑥ 手机要求为 11 位数字，并且第二个数字只能为 3、4、5、7 或 8。

⑦ 通信地址可以是任何非空白字符，长度为 6～30 个字符。

⑧ 邮编要求为 6 位数字，其中第 1 位为 1～9 中的某个数字，后 5 位为 0～9 中的 5 个数字。

（3）当表单中任何一个输入的数据校验无法通过时，将弹出警告对话框，并且阻止表单提交，效果如图 9-2 所示。

图 9-2　数据校验不通过时弹出警告对话框

（4）如果全部输入数据都有效，则提交表单后浏览器将显示图 9-3 所示的 welcome.html 页面内容。（注：实际应用中表单不会提交给静态页面，一般会提交给 JSP、PHP 等动态页面。）

图 9-3　欢迎页面

要求：网页的所有外观表现全部使用 CSS 来设置。

# 9.4　相关知识点介绍

本实验涉及了 HTML、CSS 和 JavaScript 三个方面的知识点。HTML 方面包括：表格、表单相关标签的使用。CSS 方面包括：边框、边框合并、宽度、内边距等样式设置以及将这些样式代码内嵌到 HTML 文档等知识点。JavaScript 方面包括：使用正则表达式进行数据有效性校验，创建警告对话框，阻止表单提交以及将 JavaScript 代码插入 HTML 文档等知识点。这些知识点中有些已在前面的实训实验中介绍过了，在此将不再赘述。下面主要介绍表单、使用正则表达式校验数据有效性、创建警告对话框、阻止表单提交、合并表格边框等知识点。

### 1.　表单

表单是实现动态网页的一种主要的外在形式，利用表单可以实现网页和用户的交互，如收集浏览者的信息或实现搜索时关键字的获取等功能。表单数据的处理过程为：单击表单中的提交按钮时，在表单中输入的数据会被提交到服务器中，服务器的有关应用程序将处理所提交的数据，处理结果或者将用户提交的数据存储在服务器端的数据库中，或者将有关数据返回到客户端的浏览器上。

用于描述表单的标签可以分成表单<form>标签和表单域元素标签两大类。<form>标签用于定义一个表单区域，表单域元素标签用于定义表单中的各个元素，通常把表单域元素放在<form>标签中。表单组成标签如表 9-1 所示。

表 9-1　　　　　　　　　　　　表单组成标签

| 标签 | 描述 |
| --- | --- |
| <form> | 定义一个表单区域以及携带表单的相关信息 |
| <input> | 定义表单输入元素 |
| <select> | 定义列表元素 |
| <option> | 定义列表元素中的项目 |
| <textarea> | 定义表单文本域元素 |

（1）<form>标签。

<form>标签具体来说有两方面的作用：一方面，限定表单的范围，即定义一个区域，表单各元素都要设置在这个区域内，单击提交按钮时，提交的也是这个区域内的数据；另一方面，携带表单的相关信息，如处理表单的程序、提交表单的方法等。

基本语法如下：

```
<form name="表单名称" method="提交方法" action="处理程序">
    …
</form>
```

<form>标签的常用属性除了 name、method 和 action 外，还包括 onsubmit、enctype、target 等属性，这些属性的介绍如表 9-2 所示。

表 9-2                                  \<form\>标签的常用属性

| 属性 | 描述 |
| --- | --- |
| name | 设置表单名称，用于脚本引用 |
| method | 定义表单数据从客户端传送到服务器的方法，包括两种方法：get 和 post，默认使用 get 方法 |
| action | 用于指定处理表单的服务端程序 |
| onsubmit | 用于指定处理表单的脚本函数 |
| enctype | 设置 MIME 类型，默认值为 application/x-www-form-urlencoded。需要上传文件到服务器时，应将该属性设置为 multipart/form-data |
| target | 规定在何处打开 action URL。可取的值和超链接\<a\>的 target 属性完全一样，即包括：_blank、_self、_parent、_top 和 framename |

\<form\>的使用示例如下：

```
<form name="form1" action="admin.jsp" method="post" >
```

（2）\<input\>标签。

\<input\>标签用于设置表单输入元素，包括单行文本框、密码框、单选框、复选框、按钮等元素。

基本语法如下：

```
<input type="元素类型" name="表单域元素名称" [value="输入框中的值或选择框选择的值"] [checked] >
```

type 属性用于设置不同类型的输入元素，可设置的元素类型如表 9-3 所示；name 属性指定输入元素的名称，作为服务器程序访问表单元素的标识名称，名称必须唯一。对于表 9-3 所列的各种按钮元素，必须设置的一个属性是 type；而其余输入元素必须设置的属性是 type 和 name 两个属性。value 属性用于设置按钮上面的显示文本，通常需要设置，而对其他输入元素来说，value 属性则用来表示输入框中的值或选择框选择的值，该属性对隐藏域来说是必设属性，但对其他输入元素，则可选。checked 属性只用于单选框和复选框，用于设置默认选中项。

表 9-3                                  type 属性值

| 属性 | 描述 |
| --- | --- |
| text | 设置单行文本框元素 |
| password | 设置密码元素 |
| file | 设置文件元素 |
| hidden | 设置隐藏元素 |
| radio | 设置单选框元素 |
| checkbox | 设置复选框元素 |
| button | 设置普通按钮元素 |
| submit | 设置提交按钮元素 |
| reset | 设置重置按钮元素 |

单表输入标签的使用示例如下：

```
<input type="text" name="用户名">
<input type="password" name="密码">
<input type="file" name="上传图片">
<input type="hidden" value="30" name="id">
<input type="radio" value="男" name="sex">男
<input type="checkbox" value="音乐" name="music">音乐
<input type="submit" value="提交">
<input type="reset" value="重置">
```

（3）<select>和<option>标签。

通常访问者可被允许从列表中选择一个或几个选项。<select>标签的作用等效于单选框（单选时）或复选框（多选时）。创建列表需要使用<select>和<option>标签。其中，<select>标签用于声明选择列表，需由它确定列表是否可多选，以及一次可显示的选项数；而列表中的各选项则需要由<option>来设置，其可设置各选项的值以及是否为默认选项。实现这些设置功能需要用到标签的相应属性。它们的常用属性如表 9-4 所示。

表 9-4　　　　　　　　　　　　　列表标签常用属性

| 标签 | 属性 | 描述 |
| --- | --- | --- |
| select | name | 指定列表的名称 |
| | size | 定义能同时显示的列表选项个数（默认为 1），取值大于或等于 1 |
| | multiple | 定义列表中的选项可多选，没有该属性时只能选择一个选项 |
| option | value | 设置选项值 |
| | selected | 设置默认选项，可对一到多个列表选项进行此属性的设置 |

按照列表选项一次可被选择和显示的个数，选择列表可分为：多项选择列表和下拉列表（下拉菜单）两种形式。

基本语法如下：

```
<select name="列表名称" [size="显示的选项数目" multiple]>
    <option value="选项值 1" [selected]>选项一</option>
    <option value="选项值 2" [selected]>选项二</option>
    <option value="选项值 3" [selected]>选项三</option>
    ...
</select>
```

　　　　size 取值大于或等于 1，默认为 1。当设置 multiple 属性时，列表为多项选择列表，此时按住 "Shift" 或 "Ctrl" 键时，列表可实现多项选择；没有设置 multiple 属性时，列表为下拉列表，此时只能单项选择。selected 属性用于设置选项是不是默认选中项。当列表可多项选择时，可以在一到多个<option>标签中设置 selected 属性，否则最多只能有一个<option>标签设置该属性。value 属性可选，如果没有设置，将提交选项的文本标签。

示例如下：

```
</*创建下拉列表*/>
```

```
<select name="city">
  <option value="1">北京</option>
  <option value="2" selected="selected">广州</option>
  <option value="3">上海</option>
</select>

</*创建多选项选择列表*/>
<select name="hobbies">
  <option value="1" selected>阅读</option>
  <option value="2">玩游戏</option>
  <option value="3">运动</option>
  <option value="4" selected>旅游</option>
</select>
```

（4）<textarea>标签。

<textarea>标签用于创建可输入多行多列的文本元素。基本语法如下：

```
<textarea name="文本域名称" rows="行数" cols="字符数">
    …（此处输入默认文本）
</textarea>
```

rows 属性用于设置可见行数，当文本内容超出这个值时将显示垂直滚动条，cols 属性用于设置一行可输入字符的个数。标签对之间可以输入文本，也可以不输入文本，如果输入文本将作为默认文本显示在文本域中。

<textarea>的应用示例如下：

```
<textarea name="remark" rows="8" cols="30"></textarea>
```

### 2. 使用正则表达式校验数据有效性

（1）正则表达式的定义。

正则表达式（Regular Expression）是由普通字符以及特殊字符（元字符）组成的符合某种规则的字符串搜索模式，该模式描述了搜索文本或替换文本时要匹配的一个或多个字符串。在使用前，我们首先需要定义正则表达式，最常用的定义方式是直接量方式，也称简写定义方式，语法格式如下：

```
/字符串序列/[修饰符]
```

两个斜杠（/）之间的字符串序列就是正则表达式的主体内容，其中可包括大小写字母、数字、转换字符以及一些具有特定含义的元字符，例如^、$、+、*等符号。正则表达式修饰符用于描述匹配方式，如是否忽略大小写、是否全局匹配等，包括表示大小写的 i、全局匹配的 g 等字符。修饰符并不是必需的，可根据需要选择使用。

采用直接量方式定义正则表达式的示例如下：

```
var pattern = /\d{3}/g; /*匹配检索文本中所有包含三个数字的字符串*/
var pattern1 = /Java/ig;/*匹配检索文本中所有包含"Java"的字符串，匹配时不区别大小写*/
```

- 正则表达式中的转义字符。

正则表达式中包含了大量的转义字符，不同的转义字符代表了不同的含义，表 9-5 列出了正则表达式中有可能出现的转义字符。

表 9-5　　　　　　　　　　　　　　正则表达式中的转义字符

| 转义字符 | 描述 |
| --- | --- |
| . | 代表任意字符，表示真正的点（.）时需使用\. |
| \d | 匹配一个数字字符 |
| \D | 匹配一个非数字字符 |
| \s | 匹配任何空白字符，包括空格、制表符、换页符、换行符和回车符等不可打印的字符 |
| \S | 匹配任何非空白字符，包括字母、数字、下画线、@、#、$、%、汉字等字符 |
| \w | 匹配包括下画线、任何字母及数字 |
| \W | 匹配任何除下画线、字母及数字以外的任何字符 |
| \b | 匹配单词的边界，即单词是否为独立内容，边界包括单词的开始、结束和单词后面的空格 |
| \B | 匹配非单词边界 |
| \1、\2、\3、… | 重复子项匹配，分别匹配第一个、第二个、第三个、……个子项 |
| \f | 匹配一个换页符 |
| \n | 匹配一个换行符 |
| \r | 匹配一个回车符 |
| \t | 匹配一个制表符 |
| \v | 匹配一个垂直制表符 |

正则表达式转义字符的应用示例如下：

```
var re1 = /\d/g;/*匹配所有数字字符*/
var re2 = /\D/g;/*匹配所有非数字字符*/
var re3 = /\S/g;/*匹配所有非空白字符*/
var re4 = /\w/g;/*匹配下画线、字母和数字*/
var re5 = /\W/g;/*匹配除下画线、字母和数字以外的任意字符*/
```

● 正则表达式中的字符类。

字符类：指的是一组相似的元素，使用中括号（[]）表示，中括号内放置的是这组相似的元素。正则表达式[]的整体代表一个字符，其中的元素是"或"的关系。例如，[abc]在进行匹配时，字符串中包含 a 或 b 或 c 任意一位都表示匹配成功。

常用字符类如下：

```
表示小写字母：[a-z]
表示大写字母：[A-Z]
表示数字：[0-9]
```

字符类的应用示例如下：

```
var re1 = /[1-9]/g;/*匹配所有数字*/
var re2 = /[A-Z]/g;/*匹配所有大写字母*/
var re3 = /[a-z]/g);/*匹配所有小写字母*/
```

- 正则表达式中的量词。

量词，用于表示不确定字符的个数，使用{}或通过"？""*""+"等符号表示的简写形式来表示。量词的表示格式不同，代表的含义也有所不同。表 9-6 列出了量词的不同表示格式及对应的含义。

表 9-6        正则表达式中量词不同表示格式及对应的含义

| 量词 | 描述 |
| --- | --- |
| {n} | n 为非负整数。表示前面的子表达式出现 n 次。例如：ab{2}表示 b 出现 2 次，能匹配"abb" |
| {m,n} | n 和 m 都为非负整数，并且 m<=n。表示前面的子表达式至少出现 m 次，最多出现 n 次。例如：ab{2, 3}表示 b 至少出现 2 次，最多出现 3 次，能匹配"abb"和"abbb" |
| {n,} | n 为非负整数。表示前面的子表达式至少出现 n 次，最大出现次数则没有限制。例如：ab{2,}表示 b 至少出现 2 次，能匹配"abb""abbb""abbbb"等字符串 |
| * | 表示前面的子表达式出现 0 次或多次，即任意次，等价于{0,}。例如：ab*能匹配"a"，也能匹配"ab""abb"等字符串 |
| + | 表示前面的子表达式出现 1 次或多次，等价于{1,}。例如：ab+能匹配"ab"，也能匹配"abb""abbb"等字符串 |
| ? | 表示前面的子表达式出现 0 次或 1 次，等价于{0,1}。例如：ab?能匹配"a"和"ab" |

字符类的应用示例如下：

```
var re1 = /\S{8,14}/;/*字符串中连续出现 8~14 个非空白字符*/
var re2 = /[a-f]+\d{6}/;/*字符串中 a~f 中至少出现一个字母且其后面跟 6 个数字*/
var re3 = /[a-f]{1,}\d+/;/*字符串中 a~f 中至少出现一个字母且其后面至少跟一个数字*/
var re4 = /\d?/;/*字符串中数字出现 0 或 1 次*/
var re5 = /\w+/;/*字符串中字母或数字或下画线至于出现一次*/
var re6 = /\w*/;/*字符串中字母或数字或下画线出现 0 或多次*/
```

- 正则表达式中的首尾匹配符。

在正则表达式最开始位置使用"^"符号，表示匹配字符串的起始位置。

在正则表达式最开始位置使用"$"符号，表示匹配字符串的结束位置。

首尾匹配符的应用示例如下：

```
var re = /^1[3-9]\d{9}$/;/*第一个字符为 1，中间字符为 3~9 的一个数字，最后必须为 9 个数字*/
```

- 正则表达式中的排除符。

当正则表达式的字符类（即[]）中出现"^"时，表示字符串中匹配排除字符类所指定的所有内容。

排除符的应用示例如下：

```
var re = /a[^bde]c/; /*匹配首字符为 a，尾字符为 c，并且中间不包含 b、d、e 的字符串*/
```

- 正则表达式中的选择符。

当正则表达式中出现"|"时，表示将两个匹配条件进行逻辑"或"运算。

选择符的应用示例如下：

```
var re = /ab|cd|ef/g;/*匹配条件为 ab 或 cd 或 ef*/
```

- 正则表达式中的分组。

在正则表达式中使用（ ）把单独的项组合成子表达式，以便可以像处理一个独立的单元那样用 "|" "*" "+" "?" 等符号来处理单元内的项，每个圆括号称为一个分组，也叫一个子项，并按顺序分别称为第一个子项、第二个子项……。

分组的应用示例如下：

```
var str = 'abc';
var re1 = /(a)(b)(c)/;/*正则表达式中使用分组*/
var re2 = /(a)(b)c/;/*正则表达式中使用分组*/
console.log(str.match(re1));/*输出结果为：abc,a,b,c*/
console.log(str.match(re2));/*输出结果为：abc,a,b*/
```

（2）使用正则表达式进行模式匹配。

定义好正则表达式后，就可以使用 RegExp 对象的 test()方法实现模式匹配。test()方法的作用是：通过正则表达式对象调用该方法去匹配字符串，如果匹配成功就返回 true，否则返回 false。

test()方法的调用格式如下：

```
正则表达式对象.test(字符串);
```

test()方法应用示例如下：

```
var str1 = 'ac';
var str2 = '131dfbfc';
var re = /ab*/;
console.log(re.test(str1));/*true*/
console.log(re.test(str2));/*false*/
```

（3）使用 string 对象的模式匹配方法进行匹配。

除了使用正则表达式进行模式匹配外，我们还经常会使用 string 对象提供的 match()方法和 search()方法进行模式匹配。

- 调用 match()方法进行模式匹配。

match()方法的作用是：通过字符串调用该方法实现模式匹配，如果没有匹配，则返回 null；如果有匹配，则返回一个由匹配结果组成的数组。如果该正则表达式设置了修饰符 g，则该方法返回的数组包含字符串中的所有匹配结果。如果正则表达式没有设置修饰符 g，则 match()方法只进行一次匹配，此时，如果正则表达式中没有分组，则返回的数组只有一个元素；如果正则表达式中包含分组，返回的数组的第一个元素为正则表达式匹配到的结果，其余的元素则是由正则表达式中用分组匹配的结果。

match()方法的调用格式如下：

```
字符串.match(正则表达式);
```

match()方法的应用示例如下：

```
var str = '1 plus 2 equal 3';
console.log(str.match(/\d/g));/*全局匹配，输出结果为：1,2,3*/
```

- 调用 search()方法进行模式匹配。

search()方法是 String 模式匹配方法中最简单的一个。通过需要匹配的字符串调用去匹配正则表达式，如果匹配成功，就返回匹配成功的字符串的起始位置，否则返回-1。

search()方法的调用格式如下：

```
字符串.search(正则表达式);
```

search()方法的应用示例如下：

```
var str = 'abcdef';
console.log(str.search(/de/));/*检索 de，输出结果为：3*/
console.log(str.search(/DE/));/*检索 DE，输出结果为：-1*/
;
```

### 3．创建警告对话框

创建警告对话框需要使用 window 对象的 alert()方法，对话框中显示的信息由方法参数决定。alert()方法的基本语法如下：

```
方式一：alert(msg);
方式二：window.alert(msg);
```

alert()方法是 window 对象的方法，在调用时可以通过 window 对象来调用，也可以直接调用。参数 msg 的值可以是任意值，当参数为非空对象以外的值时，警告对话框中显示的信息为参数值；当参数为非空对象时，在警告对话框中显示的是以[object object]格式表示的对象，其中第二个"object"会根据具体的对象变化。例如，如果对象是一个表单输入框，在对话框中将显示：[object HTMLInputElement]。

### 4．阻止表单提交

默认情况下，不管表单中的数据是否合法，单击表单提交按钮后都会提交表单。如果希望在数据存在不合法的情况下，单击提交按钮后不提交表单，就需要在提交按钮的单击事件处理函数中返回 false，代码如下：

```
oBtn.onclick = function(){
    ...
    return false;
};
```

### 5．合并表格边框

默认情况下，表格中的各个边框之间是相互分隔的，即各个边框之间存在一定的间隙，如果希望这些边框之间不存在间隙，并且各个边框组合成一个边框，就好比一个边框嵌入另一个边框之中，则需要对 table 元素设置 border-collapse 样式属性，并且值为 collapse，格式如下：

```
table{
    border-collapse:collapse;
}
```

# 9.5　实验分析

由图 9-1 及图 9-2 可知，表单页面使用了 9 行 2 列的表格来组织各个表单域元素，并且最后一行的第一个单元格执行了跨列操作。表单域元素全部为输入元素，其中包括了多个单行文本框、一个密码框和一个提交按钮。

从图 9-1 中可看出表格的各个边框之间没有空隙，所以应该是进行了合并，各个边框也比较细，所以边框宽度为 1px 就可以了，另外，单元格的边框和表单元素之间存在一定的距离，并且上、下边距相等，而左边距大于上、下边距，这个外观可通过设置内边距实现。默认情况下，表格的宽度等于单元格间距+单元格左、右内边距+内容宽度，而图 9-3 中的表格宽度很明显大于表格的默认宽度，所以需要对表格设置宽度。这个表单页面的外观相对比较简单，主要涉及边框、边框合并、宽度以及单元格的内边距等方面的样式设置，因为比较简单，所以可以使用内嵌方式将 CSS 代码应用到 HTML 文档中。

用户在表单中输入的各个数据的有校性校验需要使用 JavaScript 代码来实现。在 JavaScript 代码中既可以使用正则表达式来实现校验，也可以使用 string 对象的相关校验方法来实现校验，本实验要求使用正则表达式进行校验。任何一个数据校验无法通过时都要做提示，图 9-2 中使用了警告对话框来提示。所以在校验无法通过时应调用 window 对象的 alert()方法。另外，默认情况下，表单不管提交的数据是否有效都会提交，如果希望存在不合法的数据时不提交表单，就需要保证提交按钮绑定的事件处理函数返回值为 false，以取消提交按钮的默认行为（即提交表单）。

# 9.6　实验思路

在<body></body>之间增加<form></form>，然后在<form></form>之间使用<table>、<tr>和<td>创建一个 9 行 2 列的表格，并在表格的第一列按图 9-1 所示设置相应的文本，在第二列中设置表单相应的输入元素。

使用 table 元素选择器分别设置表格宽度、边框合并和边框样式，使用 td 元素选择器设置内边距和边框，并使用<style>将这些样式代码嵌入页面的头部区域。

在头部区域添加<script src="xxx.js" type="text/javascript"></script>将 xxx.js 的 JavaScript 代码引入 HTML 文档。在 xxx.js 文件中，添加 window.onload 事件，事件处理代码首先使用 DOM 技术获取提交按钮，然后处理提交按钮的单击事件。在单击事件处理程序中，根据实验描述定义正则表达式，并使用 RexEp 对象的 test()或字符串对象的 match()或 search()方法进行模式匹配。

# 9.7　实验指导

（1）新建一个 HTML 文档，并将文档标题设置为“使用正则表达式校验表单数据的有效性”。
（2）在文档的主体区域<body></body>标签对之间使用<form>、<table>、<tr>、<td>和<input>标签搭建网页结构，并根据图 9-1 及注释补充以下代码。

```html
<body>
  <form ...="welcome.html"> <!--表单数据提交后的 welcome.html-->
    <table>
      <tr>
        <td>用户名</td>
        <td><input type="text" name="username" id="username"/></td>
      </tr>
      <tr>
        <td>...</td>
        <td><input type="..." name="psw" id="psw"/></td><!--设置密码框-->
      </tr>
```

```
        <tr>
         <td>...</td>
         <td><input type="..." name="IDC" id="idc"/></td><!--设置单行文本框-->
        </tr>
        <tr>
         <td>...</td>
         <td><input type="..." name="email" id="email"/></td><!--设置单行文本框-->
        </tr>
        <tr>
         <td>...</td>
         <td><input type="..." name="tel" id="tel"/></td><!--设置单行文本框-->
        </tr>
        <tr>
         <td>...</td>
         <td><input type="..." name="mobil" id="mobil"/></td><!--设置单行文本框-->
        </tr>
        <tr>
         <td>...</td>
         <td><input type="..." name="address" id="address"/></td><!--设置单行文本框-->
        </tr>
        <tr>
         <td>...</td>
         <td><input type="..." name="zip" id="zip"/></td><!--设置单行文本框-->
        </tr>
        <tr>
         <td ...="2"><!--单元格距两列-->
             <input type="..." value="提交" id='btn'><!--设置提交按钮-->
         </td>
        </tr>
      </table>
    </form>
</body>
```

（3）在页面的头部区域中添加<style></style>，然后在该标签对之间中分别编写下面第（4）步和第（5）步中的 CSS 代码。

（4）使用元素选择器设置表格宽度为 360px，边框为 1px 的黑色实线，并且边框合并。

```
table{
    width:...;
    border:...;
    border-collapse:...;/*相邻两个边框合并为一个单一的边框*/
}
```

（5）使用元素选择器设置单元格的上、下内边距为 4px，左、右内边距为 8px，边框为 1px 的黑色实线，单元格字号为 14px，行高为 18px，字体为微软雅黑。

```
td{
    padding:...;
    border:...;
    font:...;
}
```

（6）在当前 HTML 页面同一目录下创建 js 文件夹，并在 js 文件夹中创建 validation.js 脚本文件，然后在页面的头部区域添加以下代码：

```
<script src="js/validation.js" type="text/javascript"></script>
```

（7）打开 validation.js 脚本文件，在其中编写以下 JavaScript 代码，并根据注释补充以下 JavaScript 代码：

```
window.... = function(){/*window 的加载事件处理*/
    var oBtn = document....;/*使用提交按钮的 ID 名称 btn 获取提交按钮*/
    oBtn.... = function(){/*提交按钮的单击事件处理*/
        var flag = true;
        var username = document....;/*使用 ID 名称 username 获取用户名文本框*/
        var password = document....;/*使用 ID 名称 psw 获取密码框*/
        var idc = document....;/*使用 ID 名称 idc 获取身份证文本框*/
        var E-mail = document....;/*使用 ID 名称 E-mail 获取 E-mail 文本框*/
        var tel = document....;/*使用 ID 名称 tel 获取家庭电话文本框*/
        var mobil = document....;/*使用 ID 名称 mobil 获取手机文本框*/
        var address = document....;/*使用 ID 名称 address 获取通信地址文本框*/
        var zip = document....;/*使用 ID 名称 zip 获取邮编文本框*/
        /*定义正则表达式，匹配用户名第一个字符为字母，其他字符可以是字母、数字、下画线等，
          并且长度为 3~10 个字符*/
        var pname = ...;
        var ppsw = ...;   /*定义正则表达式，匹配密码可以是任意非空白字符，长度为 6~15 个字符*/
        /*定义正则表达式，匹配身份证号为 15 位或 18 位数字，或 17 位数字后面跟一个 x 或 X*/
        var pidc = ...;
        /*E-mail 包含 @，并且其左、右两边包含任意多个单词字符，后面则包含至少一个包括. 和 2~3
          个单词字符的子串*/
        var pemail = ...;
        /*定义正则表达式，匹配家庭电话格式为×××/××××-×××××××/×××××××××，其中
          "×" 表示一个数字*/
        var ptel = ...;
        /*定义正则表达式，匹配手机为 11 位数字，并且第一位数字只能为 1，第二位数字只能为 3、4、5、7 或 8*/
        var pmobil = ...;
        /*定义正则表达式，匹配地址为任何非空白字符，长度为 6~30 个字符*/
        var paddress = ...;
        /*定义正则表达式，匹配邮编为 6 位数字，其中第 1 位为 1~9 中的某个数字，后 5 位为 0~9 中的 5 个数*/
        var pzip = /^[1-9][0-9]\d{4}$/;

        if(!pname.test(username.value)){/*使用 Regxp 对象调用 test()方法，匹配输入的用户名*/
            flag = false;   /*如果匹配不成功，重置 flag 变量的值为 false*/
            alert("用户名第一个字符为字母，长度为 3~10 个字符");/*弹出警告对话框*/
        }
        if(...){/*使用 Regxp 对象调用 test()方法，匹配输入的密码*/
            ...;/*如果匹配不成功，重置 flag 变量的值为 false*/
            alert("密码长度为 6~15 个非空白字符");
```

```
        }
        if(...){/*使用 Regxp 对象调用 test()方法，匹配输入的身份证号*/
            ...;/*如果匹配不成功，重置 flag 变量的值为 false*/
            alert("身份证号为 15 位或 18 位数字，或 17 位数字后面跟一个 x 或 X");
        }
        if(...){/*使用 Regxp 对象调用 test()方法，匹配输入的 email*/
            ...;/*如果匹配不成功，重置 flag 变量的值为 false*/
            alert("E-mail 包含@以及至少一个包括.和 2~3 个单词字符的子串");
        }
        if(...){/*使用 Regxp 对象调用 test()方法，匹配输入的家庭电话*/
            ...;/*如果匹配不成功，重置 flag 变量的值为 false*/
            alert("家庭电话的格式为×××/××××-×××××××/××××××××");
        }
        if(...){/*使用 Regxp 对象调用 test()方法，匹配输入的手机号*/
            ...;/*如果匹配不成功，重置 flag 变量的值为 false*/
            alert("手机手机为 11 位数字，并且第一位数字只能为 1，第二位数字只能为 3、4、5、7 或 8");
        }
        if(...){/*使用 Regxp 对象调用 test()方法，匹配输入的通信地址*/
            ...;/*如果匹配不成功，重置 flag 变量的值为 false*/
            alert("地址长度为 6~30 个字符");
        }
        if(...){/*使用 Regxp 对象调用 test()方法，匹配输入的邮编*/
            ...;/*如果匹配不成功，重置 flag 变量的值为 false*/
            alert("邮编为 6 位数字，其中第 1 位为 1~9 中的某个数字,后 5 位为 0~9 中的 5 个数字");
        }
        /*当 flag 的值为 false 时，返回 false，即取消提交按钮的默认提交行为*/
        if(...){
            ...;
        }
    };
};
```

（8）在表单数据有效性校验页面的同一目录下再新建一个名称为 welcome.html 的 HTML 文档，文档标题设置为"欢迎页面"。

（9）在 welcome.html 文档的主体区域<body></body>标签对之间添加<h3></h3>，并根据图 9-2 补充标签内容。

```
<body>
    <h3>...</h3>
</body>
```

# 9.8　附加实验

（1）使用 string 对象的 match()方法替换 Regxp 对象的 test()方法重新编写 validation.js。

（2）使用 string 对象的 search()方法替换 Regxp 对象的 test()方法重新编写 validation.js。

# 9.9 实验总结

本实验创建了一个表单页面，表单域元素涉及了单行文本框、密码框和提交按钮，这些元素使用了表格进行组织。

整个页面的外观分别使用了 table 和 td 两个元素选择器，实现了表格宽度、表格及单元格边框、边框合并和字体等样式设置，并使用了内嵌的方式将 CSS 样式应用到 HTML 文档中。

本实验通过提交按钮的单击事件的处理，实现了为各个表单输入数据定义正则表达式定义，从而得到对应的 Regxp 对象，进而通过 Regxp 对象调用 test()方法判断数据的有效性，并在任何一个数据不合法时阻止表单的提交。通过窗口加载事件的处理，实现了 JavaScript 代码和 HTML 结构代码的分离，并使用了<script>引用外部 js 文件的方式将 JavaScript 代码插入 HTML 页面。

# 使用 **JavaScript+CSS** 创建折叠菜单

## 10.1　实验目的

◇　掌握<nav>、<ul>、<li>和<a>等标签的使用。

◇　掌握使用 CSS 进行盒子外观设置、列表类型修改单行文本垂直居中、超链接的文本修饰、鼠标指针形状等样式设置及 CSS 在 HTML 页面中的应用方式。

◇　掌握 DOM 技术获取元素方法以及动态修改元素的背景颜色。

◇　掌握元素的显示和隐藏及自定义索引属性。

◇　掌握常用单击事件及窗口加载事件处理以及 this 关键字的使用。

◇　掌握在 HTML 页面中插入 JavaScript 的链接方式。

## 10.2　实验环境

◇　开发工具：Dreamweaver、WebStorm 等工具。

◇　运行环境：Google Chrome 浏览器。

## 10.3　实验内容

图 10-1 是一个信息管理系统后台菜单的初始状态。当单击菜单中的某一个菜单时将展开菜单，显示子菜单，同时单击的菜单的背景颜色发生变化，效果如图 10-2 所示。单击图 10-2 所示的第一个、第二个和最后一个菜单时，所单击的菜单收缩，对应的下拉子菜单隐藏，并且菜单的背景颜色恢复为初始颜色，效果如图 10-3 所示。

要求：网页的所有外观表现全部使用 CSS 来设置，其中字号为 13px，中文字体为微软雅黑。下拉子菜单访问前、后及鼠标悬停时的颜色都为黑色，并且都没有下画线。

图 10-1　初始状态　　　　　　图 10-2　单击各个菜单后的状态　　　图 10-3　单击图 10-2 中的菜单结果

# 10.4　相关知识点介绍

本实验涉及了 HTML、CSS 和 JavaScript 三个方面的知识点。HTML 方面包括：<nav>、<ul>、<li> 和 <a> 等标签的使用。CSS 方面包括：字体、字号、宽度、高度、边框、内外边距、前景和背景颜色、列表类型、单行文本垂直居中、超链接的文本修饰、鼠标指针形状等样式设置以及将这些样式代码链接到 HTML 文档等知识点。JavaScript 方面包括：鼠标单击事件及窗口加载事件的处理、自定义索引属性、使用 DOM 获取元素对象、this 关键字的使用、通过 JavaScript 修改元素的背景颜色、元素的显示和隐藏以及使用引用外部 js 文件的方式将 JavaScript 代码插入 HTML 文档等知识点。这些知识点，在前面的实训中都介绍过了，在此不再赘述。

# 10.5　实验分析

折叠菜单指单击某个菜单（一级菜单）时，可以将其对应的下级菜单（二级菜单）隐藏或显示的菜单。折叠菜单常常作为后台导航菜单。折叠菜单可以有两种效果：一种是一次只显示一个菜单的子菜单，单击其他菜单时，将隐藏已打开的子菜单；另一种是可以显示所有菜单，单击其他菜单不会隐藏已显示的子菜单，要隐藏显示的子菜单需要再次单击。

由实验描述可知，本实验需要创建一个用于后台的菜单导航条，因此，我们可以使用<nav>来创建。图 10-1 所示的导航条中各个一级菜单虽然结构整齐划一，但这时我们并不会使用无序列表来创建它们，因为要便于对一级菜单进行单击事件处理。在此，可以将它们作为段落来创建。对每个一级菜单单击后显示的下拉子菜单，我们可以使用一个无序列表来创建，并且每个列表项是一个超链接。根据前面的分析及图 10-1 及图 10-2，菜单导航条的页面结构可使用以下 HTML代码：

```html
<body>
  <nav>
    <p>...</p>
    <ul>
      <li><a href="#">...</a></li>
      <li><a href="#">...</a></li>
    </ul>
    <p>...</p>
    <ul>
      <li><a href="#">...</a></li>
      <li><a href="#">...</a></li>
      <li><a href="#">...</a></li>
    </ul>
    <p>...</p>
    <ul>
      <li><a href="#">...</a></li>
      <li><a href="#">...</a></li>
    </ul>
    <p>...</p>
    <ul>
      <li><a href="#">...</a></li>
      <li><a href="#">...</a></li>
      <li><a href="#">...</a></li>
    </ul>
    <p>...</p>
    <ul>
      <li><a href="#">...</a></li>
      <li><a href="#">...</a></li>
      <li><a href="#">...</a></li>
    </ul>
  </nav>
</body>
```

由上述 HTML 结构代码可知，导航条使用<nav>来创建，而一级菜单使用<p>来创建。由图10-1 可知，导航条具有一定的宽度，所以需要对 nav 设置宽度。各个一级菜单具有一定的高度，并且在所在的盒子中垂直居中，因此需要设置 p 的高度和行高，并且二者等值。每个一级菜单都具有背景颜色及一条下边框，前景颜色也不是默认的黑色，因此还需要设置 p 的前景颜色和背景颜色以及下边框等样式。另外，一级菜单和左边框之间存在一定的距离，可以通过设置 p 的左内边距或文本缩进来实现。虽然 p 元素创建的一级菜单不是一个超链接，但为了提高用户体验，当鼠标移到菜单上时，鼠标指针应变为手指形状，因此还要将 p 盒子设置鼠标指针为 pointer。

由前面的 HTML 结构代码可知，每个一级菜单的下拉菜单都使用了一个无序列表 ul 来创建。由于 ul 默认具有左内边距和上、下外边距，为了不影响布局，需要重置 ul 的内、外边距，另外每个列表项不需要显示前导符，所以也要修改 ul 的列表类型为 none。由图 10-2 可知，每个下拉菜单项都具有一定的高度，并且其中的子菜单项在 li 中垂直居中。由 HTML 结构代码可知，每个下拉菜单项都是一个无序列表项，因此需要对 li 设置高度和行高，并且二者等值。图 10-2 中，每个下拉菜单项还具有浅灰色背景和一个下边框，因此还需要对 li 设置背景颜色和下边框样式。另外，从图 10-2 我们还看到，子菜单项和左边框之间存在一定的距离，这个距离可通过对 li 设置左内边距或文本缩进来实现。由实验要求可知，子菜单超链接访问前后及鼠标悬停状态的颜色都为黑色，且没有下画线，这些超链接的外观要求可通过对 a 元素设置黑色前景颜色且没有下画线来实现。另外，由实验描述可知，初始状态下，各个菜单的下拉子菜单不显示，因此需要将 ul 的显示设置为 none。实验要求的菜单及其子菜单的字号和字体，我们可通过 nav 元素实现统一的设置。

为便于分离结构和表现，将前面所有的样式全部放到一个 css 文件中，然后通过链接该文件将 CSS 样式应用到 HTML 页面中。

本实验主要的功能是如果菜单是收缩的，则单击该菜单后将展开菜单，显示子菜单，同时修改一级菜单背景颜色，否则将收缩菜单，隐藏子菜单，同时一级菜单的背景颜色还原。为了在单击菜单后，能显示或隐藏对应的子菜单，需要将菜单和对应的子菜单进行绑定，即建立对应的关系，这一步是本实验的关键。为了实现菜单和对应子菜单的绑定，我们需要对每个菜单定义一个索引属性。为此，我们首先需要使用 DOM 技术获得所有的菜单（即 p 元素对象）和所有的下拉菜单（即无序列表 ul 元素对象），得到两个分别存储了 p 元素对象和 ul 元素对象的数组，我们称其为菜单数组和子菜单数组。使用循环语句为每个菜单定义一个值等于循环变量值的索引属性，在需要获取子菜单时使用该索引属性作为子菜单数组的下标，此时就可以建立菜单和子菜单的对应关系。在循环语句中对每个菜单定义单击事件处理程序，实现修改当前菜单的背景颜色，以及判断当前菜单对应的子菜单是否展开。此时，需要获取对应的子菜单，可通过使用当前菜单（使用 this 表示）的索引属性作为存放子菜单数组的下标来获取，即通过 this.索引属性作为子菜单数组下标，就可以建立菜单和子菜单的对应关系。当菜单的子菜单需要显示时，可通过 this.索引属性作为子菜单数组下标设置对应的子菜单的显示样式为 block。否则将当前菜单的背景颜色修改为初始状态，同时隐藏对应的子菜单，即通过 this.索引属性作为子菜单数组下标设置对应子菜单的显示样式为 none。

为便于分离结构和动作，将所有 JavaScript 代码放到一个 js 文件中，在 js 文件中添加窗口加载事件，并将 js 文件中所有 JavaScript 代码作为该事件的处理代码。在 HTML 页面中，可通过 <script> 标签引用 js 文件调用 JavaScript 代码。

# 10.6　实验思路

在 <body></body> 标签之间，使用 <nav>、<ul>、<li> 和 <a> 标签搭建如本章实验分析内容中所示的页面结构。

使用通配符（*）选择器重置所有的元素内、外边距为 0；使用 body 选择器设置页面字体及字号；使用 a 元素选择器设置超链接前景颜色为黑色且没有下画线；使用 nav 元素选择器设置宽度等样式；使用 p 元素选择器设置菜单的前景颜色及背景颜色、等值的高度及行高、文本缩进、下边框以及鼠标指针手指形状等样式；使用 ul 元素选择器设置 ul 列表类型为 none，并且默认不显示；使用 li 元素选择器设置等值的高度及行高、文本缩进、背景颜色及下边框等样式。最后使用链接方式将上述样式设置代码应用到 HTML 文档中。

在头部区域添加<script src="xxx.js" type="text/javascript"></script>将 xxx.js 的 JavaScript 代码引入 HTML 文档。在 xxx.js 文件中，添加 window.onload 事件，事件处理代码首先使用 DOM 技术分别获取所有 p 元素及所有 ul 元素对象。然后使用循环语句给所获得的所有 p 对象定义索引属性，属性取值为 0～p 元素个数-1。并对每个 p 对象定义单击事件处理程序，实现修改当前对象的背景颜色，以及判断当前 p 对象对应的 ul 对象是否显示，如果没有显示，则显示该 ul 对象；否则将当前 p 对象的背景颜色设置为初始状态，同时设置对应的 ul 对象的显示样式属性值为 none。

# 10.7　实验指导

（1）新建一个 HTML 文档，并将文档标题设置为"使用 JavaScript+CSS 创建折叠菜单"。

（2）在文档的头部区域添加以下代码链接外部 css 文件：

```
<link href="css/menu.css" rel="stylesheet" type="text/css"/>
```

（3）在文档的主体区域<body></body>标签对之间使用<nav>、<p>、<ul>、<li>和<a>标签搭建网页结构，并根据所提供的代码及图 10-2 补充以下代码：

```
<body>
  <nav>
    <p>用户管理</p>
    <ul>
      <li><a href="#">新增用户</a></li>
      ...
    </ul>
    <p>部门管理</p>
    <ul>
      <li><a href="#">...</a></li>
      ...
    </ul>
    <p>学生管理</p>
    <ul>
      <li><a href="#">...</a></li>
      ...
    </ul>
    <p>成绩管理</p>
    <ul>
      <li><a href="#">...</a></li>
      ...
    </ul>
```

```
    <p>教师管理</p>
    <ul>
      <li><a href="#">...</a></li>
      ...
    </ul>
  </nav>
</body>
```

（4）在当前 HTML 页面同一目录下创建 css 文件夹，并在 css 文件夹中创建 menu.css 样式文件，然后在 menu.css 中分别编写下面第（5）步～第（11）步中的 CSS 代码。

（5）使用*选择器重置所有元素的内、外边距为 0。

```
*{
    margin:...;
    padding:...;
}
```

（6）使用 body 元素选择器设置字号为 13px，字体为微软雅黑。

```
body{
    font-family:...;
    font-size:...;
}
```

（7）使用 a 元素选择器设置超链接前景颜色为黑色，没有下画线。

```
a{
    color:...;
    text-decoration:...;
}
```

（8）使用 nav 元素选择器设置 nav 元素的宽度为 210px，上外边距和左外边距为 20px。

```
nav{
    margin-top:...;
    margin-left:...;
    width:...;
}
```

（9）使用 p 元素选择器设置 p 元素前景颜色为白色，背景颜色为#2980b9，高度和行高都为 36px，段首缩进 5px，下边框为 1px 的#ccc 颜色的实线，鼠标指针为手指形状。

```
p{
    color:...;
    height:...;
    cursor:...;
    line-height:...;
    background:...;
    text-indent:...;
    border-bottom:...;
}
```

（10）使用 ul 元素选择器设置 ul 元素列表类型为 none，并且不显示。

```
ul{
    display:...;/*默认隐藏所有子菜单*/
    list-style:...;
}
```

（11）使用 li 元素选择器设置 li 元素高度和行高都为 33px，文本缩进 5px，背景颜色为#eee，下边框为 1px 的#ccc 颜色的实线。

```
li{
    height:...;
    line-height:...;
    text-indent:...;
    background:...;
    border-bottom:...;
}
```

（12）在当前 HTML 页面同一目录下创建 js 文件夹，并在 js 文件夹中创建 menu.js 脚本文件，然后在页面的头部区域添加以下代码：

```
<script src="js/menu.js" type="text/javascript"></script>
```

（13）打开 menu.js 文件，在其中编写以下 JavaScript 代码，并根据注释补充 JavaScript 代码：

```
window.... = function(){/*window 的加载事件处理*/
  var ps = ...;/*使用 getElementsByTagName()获取所有 p 元素对象*/
  var uls = ...;/*使用 getElementsByTagName()获取所有 ul 元素对象*/
  /* 遍历所有要单击的菜单并给它们定义索引属性及绑定单击事件*/
  for(var i = 0, n = ps.length; i <n; i += 1){
    ...[i].id = ...;/*给每个 p 对象（即菜单）定义索引属性 id,属性值等于循环变量的值*/
    ...[i].... = function(){/*定义每一个 p 对象的单击事件处理程序*/
      .... = "#933";/*设置当前对象的背景颜色*/
      if(...[this.id]....!=...){/*如果当前对象的 ul 对象（即子菜单）不显示*/
        ...[this.id].... = ...;/*显示 ul 对象*/
      }else{/*如果对应当前对象的 ul 对象是显示的,则修改当前菜单的背景颜色并显示对应的子菜单*/
        ... = "#2980b9";/*设置当前对象的背景颜色*/
        uls[this.id].... = ...;/*设置当前菜单对应的子菜单不显示*/
      }
    };
  }
};
```

思考：如果希望一次只显示一个菜单的子菜单，单击其他菜单时，将隐藏已打开的子菜单，应如何修改上述的 JavaScript 代码？提示：在显示当前菜单对应的子菜单前，使用循环语句设置所有的子菜单不显示。

# 10.8  实验总结

本实验使用<nav>、<p>、<ul>、<li>和<a>等标签创建了一个二级可折叠菜单，其中一级菜单使用<p>来创建，二级菜单则使用了<ul>、<li>和<a>来创建。该菜单初始状态下，使用 CSS 的显示样式设置二级菜单隐藏。单击一级菜单时，在单击事件中实现一级菜单的背景颜色以及二级菜单的显示和隐藏的切换。本实验的关键是每个一级菜单项和对应的二级菜单的关系的建立，本实验首先通过对每个一级菜单项定义索引属性，然后在一级菜单项的单击事件处理程序中使用 this 关键字引用该索引属性值，通过把 this 引用的索引属性值作为二级菜单数组的下标得到对应的二级菜单。

# 实训 11
## 使用 JavaScript+CSS 实现百度评分

## 11.1    实验目的

❖    掌握<div>、<span>和<textarea>等标签的使用。
❖    掌握使用 CSS 进行盒子外观、背景、单行文本垂直居中、文本水平居中、鼠标指针形状等样式设置、浮动和定位排版以及 CSS 在 HTML 页面中的应用方式。
❖    掌握 DOM 技术获取元素方法、动态修改元素的背景以及使用 innerHTML 属性修改元素的内容。
❖    掌握循环语句的使用及索引属性的定义。
❖    掌握鼠标单击事件，鼠标移入、移出和输入事件的处理，以及 this 关键字的使用。
❖    掌握在 HTML 页面中插入 JavaScript 的链接方式。

## 11.2    实验环境

❖    开发工具：Dreamweaver、WebStorm 等工具。
❖    运行环境：Google Chrome 浏览器。

## 11.3    实验内容

本实验内容要求使用 JavaScript+CSS 实现一个模拟百度评分的页面，页面初始效果如图 11-1 所示。当把鼠标移到任意一颗星星时，对应的星星以及其前面的所有星星的背景颜色全部变为黄色，同时在星星的后面会显示对应的总体评价。总体评价包括"差、较差、一般、较好、好"五个等级，分别对应第一颗到第五颗星星。图 11-2 所示为鼠标移到第四颗星星时的效果，此时对应的总体评价为"较好"。当没有单击任何一颗星星时移开鼠标，此时图 11-2 的效果会变回图 11-1 所示效果。图 11-3 所示是单击了第五颗星星时的效果。进行了总体评价后，还可以在下面的文本域中写上具体的评价内容。要求输入的评价内容不能超过 255 个字符。输入评价内容时，最上面的提示信息区域中将会计算还可以输入的字符个数，如图 11-4 所示。当输入的内容超过 255 个字符时，最上面的区域中将以红色字体显示应删除的字符个数，效果如图 11-5 所示。将鼠标移到某个按钮上时，按钮的边框变为红色，将鼠标移开后，按钮边框颜色还原，效果如图 11-6 所示。

图 11-1　初始状态

图 11-2　鼠标移到第四颗星星时的效果

图 11-3　单击了第五颗星星后的效果

图 11-4　输入不超过 255 个字符时的效果

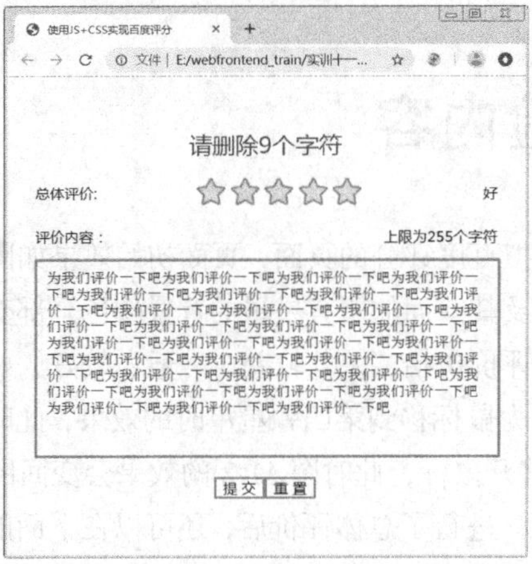

图 11-5　输入超过 255 个字符时的效果

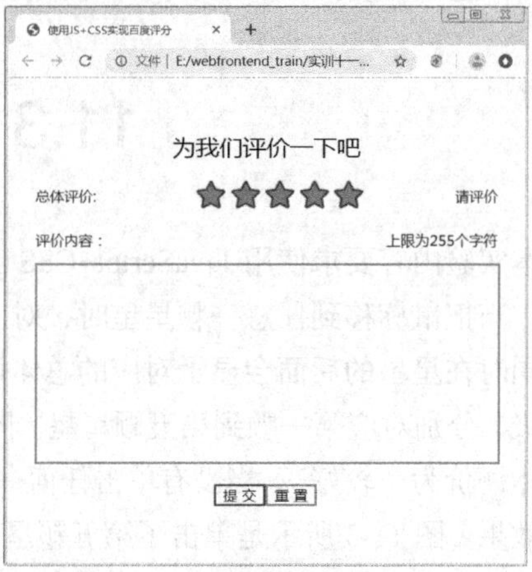

图 11-6　鼠标移到按钮上的效果

要求：网页的所有外观表现全部使用 CSS 来设置，其中页面上的文本和文本域中的输入字符的字号为 16px，字体为微软雅黑。

# 11.4　相关知识点介绍

本实验涉及了 HTML、CSS 和 JavaScript 三个方面的知识点。HTML 方面包括：<div>、<span> 和<textarea>等标签的使用。CSS 方面包括：字体、字号、宽度、高度、边框、内外边距、背景图片、单行文本垂直居中、文本水平居中、鼠标指针形状等样式设置、浮动和定位排版以及将这些样式代码链接到 HTML 文档等知识点。JavaScript 方面包括：鼠标单击事件，鼠标移入事件、移出事件和输入事件的处理，自定义索引属性，使用 DOM 获取元素对象，this 关键字的使用，使用 innerHTML 属性修改元素的内容，循环语句的使用，通过 JavaScript 修改元素的前景颜色和背景图片，以及使用引用外部 js 文件的方式将 JavaScript 代码插入 HTML 文档等知识点。这些知识点大部分在前面的实训中都介绍过了，在此不再赘述。在这里主要介绍一下 oninput 和 onchange 两个事件。

onchange 事件在内容改变且失去焦点时触发；oninput 事件在用户输入时触发，即在元素值发送变化时立即触发。oninput 事件的事件源可以为<input>或<textarea>元素，而 onchange 事件的事件源可以为<input>、<textarea>及<select>等元素。

# 11.5　实验分析

通过对图 11-1 及图 11-2 的分析，我们可以把整个页面内容分为四块：第一块为最上面的提示信息区域；第二块为总体评价区域，其中包括"总体评价"文本、星星以及总体评价等级；第三块为评价内容区域，其中包括"评价内容"和"上限为 255 个字符"文本以及用于输入评价内容的文本域；第四块为包括提交和重置按钮的区域。对这四块内容，每一块都可以使用一个<div>来设置。

对于组织第一块内容的<div>，它的内容就是页面中显示的提示信息。对于组织第二块内容的<div>，其中包含的"总体评价"文本和总体评价等级可以使用<span>，也可以使用<div>来设置，不管用哪个盒子都需要将它们设置浮动排版。而第二块内容中的星星则需要使用<div>来设置，其中每个星星又需要使用<span>来设置。每个星星既可以作为<span>的内容来设置，也可以作为<span>的背景图片来设置。如果星星作为<span>内容来设置，则当鼠标移到星星上或单击星星时就只需要更改内容的背景颜色；如果星星作为背景图片来设置，则鼠标移到星星上或单击星星时就需要更换<span>的背景图片。对于组织第三块内容的<div>，可以包含两个子<div>，第一个子<div>中的内容分别为盒子左、右两端的文本内容，这两块文本可以使用<span>来设置，并且使用 CSS 分别设置它们向左和向右浮动；第二个子<div>的内容就是文本域。对于组织第四块内容的<div>，其中的内容为两个用于提供单击功能的盒子，这两个盒子既可以分别由提交按钮和重置按钮通过一些样式设置得到，也可由两个<span>盒子通过设置相关样式得到。

另外，为了便于控制上述所说的页面中的四块内容，在这些内容的外面我们又套了一个<div>

盒子。

当我们对页面中的第二块内容中的"总体评价"文本和总体评价等级使用<div>设置，同时将页面中的星星作为<span>的背景图片来设置，以及将第四块内容使用两个<span>来设置，则可得到以下 HTML 页面结构代码：

```
<body>
  <div>
    <div>为我们评价一下吧</div>
    <div>
      <div>总体评价:</div>
      <div>
        <span></span>
        <span></span>
        <span></span>
        <span></span>
        <span></span>
      </div>
      <div>请评价</div>
    </div>
    <div>
      <div>
        <span>评价内容: </span>
        <span>上限为 255 个字符</span>
      </div>
      <div>
        <textarea></textarea>
      </div>
    </div>
    <div>
      <span>提交</span><span>重置</span>
    </div>
  </div>
</body>
```

由图 11-1 可知，评价页面具有一定的宽度，同时在浏览器窗口中水平居中，并和文档窗口上边框具有一定的间距，由此可知需要设置最外层的<div>宽度样式，以及具有一定的上、下外边距，并且左、右外边距自动。

图中的提示信息比其他文本大，并且水平居中，和下面的内容也存在一定的间距，由此可知，需要对第一块内容的<div>设置大于 16px 的字号、文本水平居中以及下外边距等样式。对于<div>的文本水平居中设置，如果页面中还有其他多个地方也需要进行同样的设置，可以通过 body 来统一设置。

由前面的 HTML 结构代码可知，第二块内容的<div>包含了三个子<div>，为了使这三个子<div>显示在一起，我们可以对它们进行浮动排版或定位排版。在此，我们可对左、右两端的文本使用浮动排版，让它们分别向左和向右浮动。而中间包含五颗星星的子<div>为了使它在不管后面显示何种总体评价，位置都固定不变，我们需要让其相对父<div>的左上角进行绝对定位。因此，我们需要将第二块内容中的 div 盒子设置为相对定位。因为子<div>或者是浮动，或者是绝对定位，因此这些子 div 盒子将全部脱离父 div，导致下面的内容有可能因为上移而造成布局混乱。为了防止产生这个问题，我们可以在第二块内容的<div>中设置高度。另外，第二块区域中包含了三块内容，为了使它们在该区域中垂直居中，还需要对第二块内容的<div>设置行高，并且值等于高度。由图 11-1 可知，第二块内容和第三块内容之间存在一定距离，该距离可以由第二块内容的下外边距或第三块内容的上外边距来产生。

　　由前面的分析我们知道，每个星星其实就是一个<span>的背景图片，由于这些用于设置星星背景图片的<span>没有内容，所以为了能显示出背景图片，我们需要对这些<span>设置背景图片样式以及宽、高。由于<span>是行内元素，所以默认情况下是不能设置宽高的，为此我们需要修改它们的元素类型为行内块级，或者设置为浮动排版。这两种设置都可以，只是需要注意行内块级元素会把换行解析为一个空格。所以将 span 元素类型改为行内块级时，如果设置星星的<span>分别在不同行，星星之间默认就会存在一定距离，这样就有可能不需要设置边距，此外，相比于将<span>元素设置为浮动排版时的值，对容纳这些星星的父元素 div 的宽度和定位的偏移位置可能也要做一些调整。另外，为了提高用户友好性，我们希望鼠标移到星星上时鼠标指针变为手指形状，为此我们需要对这些<span>元素设置鼠标指针为手指形状。

　　由前面的 HTML 结构代码可知，第三块内容中文本域前面的两个文本分别使用了<span>来设置，并且将这两个<span>放到了一个 div 盒子中。为了让第二个<span>中的文本显示在 div 盒子的右端，可以对该<span>进行向右浮动设置。当 body 元素或评价页面最外层的 div 设置了文本水平居中时，第一个<span>中的文本将不会显示在 div 盒子的左端，此时可以对该<span>进行向左浮动设置。当左、右两端的<span>都进行了浮动设置时，它们将脱离父元素，使父元素的高度变小，从而使后面的文本域上移，导致上面的文本和文本域之间无法产生距离，即使设置了这些文本所在 div 盒子的下外边距也无法产生间距。因此需要设置这些文本所在 div 盒子的高度，当高度设置得当时，还会在文本域和前面的文本之间产生一定的距离。

　　从图 11-1～图 11-6 可知，用于填写评价内容的文本域大小明显大于默认值，所以需要对文本域设置宽、高样式。另外为了避免用户随意调整文本域的大小从而影响页面布局，需要取消文本域的调整大小功能，为此需要设置文本域的 resize 样式属性值为 none。从图 11-5 中我们可看到，文本域中输入的内容和文本域的边框存在一定的间距，并且字体也和页面中其他文本字体一致，由此可知，文本域应该设置内边距以及字号。从图 11-1～图 11-6 我们看到，文本域的边框宽度比默认宽度明显要粗，而且具有颜色，由此可知，文本域还要设置边框样式。对于文本域和按钮之间的距离，则可由组织第三块内容的<div>设置下外边距或由组织第四块内容的<div>设置上外边距来实现。

　　由前面的 HTML 结构代码可知，页面中最后两个按钮使用了<span>来设置。从图 11-5 可看到，每个 span 盒子都进行了边框宽度和颜色的设置，并且每个 span 盒子的左、右两边和里面的内容存在一定的间距，该边距可通过对 span 盒子设置左、右内边距来实现。另外，为了提高用户友好性，当鼠标移到这两个 span 盒子上时，鼠标指针需要变为手指形状，因此我们需要对 span 盒子设置鼠标指针手指形状样式。另外，这两个按钮在盒子中水平居中，因此需要对它们进行文本水平居中设置。由于前面的元素也存在文本水平居中设置，所以需要由 body 元素或最外层的 div 盒子进行统一的设置。

　　由图 11-6 我们看到，当鼠标移到按钮上时，边框颜色发生变化，对此我们可以使用 hover 伪类选择器进行样式设置。

为了便于分离结构和表现，将前面所有的样式放到一个 CSS 文件中，然后通过链接该文件将 CSS 样式应用到 HTML 页面中。

由实验描述可知，鼠标移到星星上或单击星星或从星星上移出时星星会发生变化，同时根据变化的星星的位置，会显示对应的总体评价。而在评价内容的文本域中输入评价时，评价页面最上面信息提示区域中将会动态显示当前还可以输入多少字符，一旦文本域中输入的字符数超过 255，将以红色字体提示应删除多余的字符数。这些变化可以通过事件处理来实现。

在事件处理前，我们首先需要使用 DOM 技术获得事件源以及需要发生动态变化的元素。另外，需要声明一个数组存放五个总体评价。由前面的描述，我们还知道，总体评价和每颗星星是对应的，为此需要给每个星星定义一个索引属性，并且值应该为 0 至（总体评价数组长度-1）之间的某个值，这样总体评价数组中的元素就可以使用对应的星星的索引属性作为下标来引用，从而建立两者之间的对应关系。

当鼠标移到星星上时，将触发 onmouseover 事件。在该事件的处理中，需要循环遍历每一个星星。对每个遍历到的星星，都要比较其下标和事件源的索引属性值大小。当下标小于或等于事件源的索引属性值时，和索引属性值相等的下标至 0 之间所有星星的背景颜色都发生变化，否则星星背景颜色为初始状态。在鼠标移到星星上时，总体评价会动态地显示对应星星的评价等级，这个变化可通过 innerHTML 属性修改相应的 div 元素内容实现。

当鼠标单击某个星星时，将会同时触发两种事件，一个是 onclick 事件，一个是 onmouseover 事件。在 onclick 事件中主要是获取所单击的星星的索引属性值。我们可以把该值赋给一个变量，假设为 loc 变量，并且变量初始值为-1。

鼠标从星星上移时将触发 onmouseout 事件，在该事件的处理中我们将使用 loc 变量和星星的下标进行比较，所有下标小于等于该值的星星的背景颜色都将发生变化，其余星星的背景颜色保持初始状态。同时判断 loc 变量的值是否等于-1，如果相等，总体评价中等级显示处需要显示为"请评价"，否则显示总体评价数组中下标等于 loc 的元素。

在文本域中输入字符时，将触发 oninput 事件。在该事件的处理中，我们首先获取文本域中每次输入一个字符后的总字符个数，然后使用该值和 255 进行比较，当值小于 255 时，使用 innerHTML 修改信息提示区域中 div 的内容为还可增加的字符个数，否则将信息提示区域中 div 的内容修改为需要删除的字符个数，并修改信息提示文本的前景颜色为红色。

为便于分离结构和动作，将所有 JavaScript 代码全部放到一个 js 文件中，在 js 文件中添加窗口加载事件，并将 js 文件中所有 JavaScript 代码作为该事件的处理代码。在 HTML 页面中通过 <script>标签引用 js 文件来应用 JavaScript 代码。

# 11.6　实验思路

在<body></body>之间使用<div>和<span>标签搭建如本章实验分析内容中所示的页面结构。为了便于对这些元素进行样式设置，对相应的一些<div>和<span>添加类名或 ID 名。

使用 body 选择器设置字体、字号以及文本水平居中；使用类选择器设置最外层 div 盒子的宽度以及左、右外边距自动实现评价页面内容在文档窗口中水平居中；使用类选择器设置字号及下外边距；使用类选择器设置总体评价区域相对定位、高度和行高相等以及下外边距；使用类选择器设置星星所在区域宽、度，以及相对于总体评价区域的左上角绝对定位；使用后代选择器设置星星所在的 span 向左浮动、宽高、背景图片、内边距以及鼠标指针为手指形状；使用类选择器设置总体评价等级显示区域向右浮动；使用类选择器设置评价内容区域中的文本 label 向左浮动，而提示字符上限文本向右浮动，并设置这两个文本所在的 div 盒子的高度；使用元素选择器设置文本域的宽高、内边距、边框、字号、下外边距以及不可调整大小；使用类选择器及并集选择器同时设置提交按钮和重置按钮的边框、内边距以及鼠标指针为手指形状；使用伪类及并集选择器同时设置两个按钮鼠标悬停状态下的边框样式。最后使用链接方式将上述样式设置代码应用到 HTML 文档中。

在主体区域的后面添加<script src="xxx.js" type="text/javascript"></script>，以将 xxx.js 的 JavaScript 代码引入 HTML 文档。在 xxx.js 文件中，首先使用 DOM 技术分别获取信息提示 div 元素、总体评价等级显示 div 元素、所有设置星星的 span 元素以及文本域元素，并声明一个用于存放总体评价等级的数组，以及标签星星是否被单击的初值为-1 的变量。使用循环语句对前面获取的每一个 span 元素定义索引属性，并对它分别进行 onmouseover、onmouseout 及 onclick 事件处理，以实现星星背景的动态切换以及总体评价等级的动态显示。对文本域则进行 oninput 事件的处理，以判断输入的字符个数是否超过 255，并在信息提示区域中动态显示相关的提示信息。

# 11.7 实验指导

（1）新建一个 HTML 文档，并将文档标题设置为"使用 JavaScript+CSS 实现百度评分"。
（2）在文档的头部区域添加以下代码链接外部 css 文件：

```
<link href="css/evaluation.css" rel="stylesheet" type="text/css"/>
```

（3）在文档的主体区域<body></body>标签对之间使用<div>和<span>等标签搭建网页结构，并根据所提供的代码及图 11-1 补充以下代码：

```
<body>
  <div class="wrap">
    <div class="tip">...</div>
    <div class="overall">
      <div class="left">...</div>-->
      <div class="stars">
        <span></span>
        <span></span>
        <span></span>
        <span></span>
        <span></span>
      </div>
      <div class="info">...</div>
    </div>
    <div class="concret">
      <div class="txtMsg">
        <span class="left">...</span>
        <span class="right">...</span>
```

```
      </div>
      <div>
        <textarea></textarea>
      </div>
    </div>
    <div class="button">
      <span class="submit">...</span><span class="reset">..</span>
    </div>
  </div>
</body>
```

（4）在当前 HTML 页面同一目录下创建 css 文件夹，并在 css 文件夹中创建 evaluation.css 样式文件，然后在 evaluation.css 中分别编写下面第（5）步~第（17）步中的 CSS 代码。

（5）使用 body 选择器设置字体为微软雅黑，字号 16px，文本水平居中。

```
body{
    font-family:...;
    font-size:...;
    text-align:...;
}
```

（6）使用类选择器设置 div 盒子宽度为 513px，左、右外边距自动，上、下外边距为 60px。

```
.wrap{
    width:...;
    margin:...;
}
```

（7）使用类选择器设置信息提示 div 盒子字号为 26px，下外边距为 20px。

```
.tip{
    font-size:...;
    margin-bottom:...;
}
```

（8）使用类选择器设置总体评价 div 盒子高度和行高都为 36px，下外边距为 20px，并且相对定位。

```
.overall{
    position:...;/*给星星的父 div 进行相对定位*/
    height:...;
    line-height:...;
    margin-bottom:...;
}
```

（9）使用类选择器设置容纳五个星星的 div 盒子的宽度为 200px，高度为 33px，并且相对父盒子的左上角（180px，0）绝对定位。

```
.stars{
    width:...;
    height:...;
    position:...;
    top:...;
    left:...;
}
```

（10）使用后代选择器设置星星 div 中的 span 盒子向左浮动，宽高都为 32px，上、下内边距为 0，左、右内边距为 3px，以 images/star0.png 为背景图片，背景图片不重复，并且鼠标移到 span

上时光标变为手指形状。

```
.stars span{
    float:...;
    width:...;
    height:...;
    padding:...;
    cursor:...;
    background:...;
}
```

（11）使用类选择器设置总体评价 div 盒子向右浮动。

```
.info{
    float:...;
}
```

（12）使用类选择器设置评价内容中文本容器盒子的高度为 36px。

```
.txtMsg{
    height:...;
}
```

（13）使用类选择器设置评价内容中左边的文本盒子向左浮动。

```
.left{
    float:...;
}
```

（14）使用类选择器设置评价内容中右边的文本盒子向右浮动。

```
.right{
    float:...;
}
```

（15）使用元素选择器设置 textarea 宽度为 492px，高度为 200px，4 个方向的内边距为 10px，下外边距为 20px，字号为 16px，边框为 2px 的#996 颜色的实线，并且不可调整大小。

```
textarea{
    width:...;
    height:...;
    resize:...;
    padding:...;
    font-size:...;
    border:...;
    margin-bottom:...;
}
```

（16）使用并集选择器同时设置提交按钮和重置按钮的上、下内边距为 0，左、右内边距为 8px，边框为 2px 的#996 颜色的实线，并且鼠标移到按钮上时光标变为手指形状。

```
.submit,.reset{
    padding:...;
    border:...;
    cursor:...;
}
```

（17）使用伪类及并集选择器同时设置鼠标悬停在提交按钮和重置按钮上时边框样式为 2px 的红色实线。

```
.submit:hover,.reset:hover{
    border:...;
```

```
    }
```

（18）在当前 HTML 页面同一目录下创建 js 文件夹，并在 js 文件夹中创建 evaluation.js 脚本文件，然后在页面的主体区域中</body>标签前面添加以下代码：

```
<script src="js/evaluation.js" type="text/javascript"></script>
```

（19）打开 evaluation.js 文件，在其中编写以下 JavaScript 代码，并根据注释补充以下 JavaScript 代码：

```
var tip = ...;/*使用 querySelector()和.tip 选择器获取对应的 div 元素*/
var info = ...;/*使用 querySelector()和.info 选择器获取对应的 div 元素*/
var stars = ...;/*使用 querySelectorAll()和.stars span 选择器获取所有设置星星的 span 元素*/
var textarea = ...;/*使用 querySelector()和 textarea 选择器获取 textarea 元素*/
var arr = ...;/*创建包含"差、较差、一般、较好和好"五个元素的总体评价等级数组*/
var len = arr.length;
var loc=-1;/*用于判断是否有星星被单击了（用于获取被单击了的星星的位置）*/
function changeBg(index) {/*定义用于切换背景图片的函数*/
    for (var i = 0; i < ...; i++) {/*遍历所有星星所在的 span 盒子*/
        /*当循环变量的值小于函数参数值时，对应的 span 盒子背景图片为 images/star2.png，并且不重复*/
        if (i <= ...) {
            stars[i].... = ...;
        } else {/*否则对应的 span 盒子背景图片为 images/star0.png，并且不重复*/
            stars[i].... = ...;
        }
    }
}
/*为每个用于设置星星的 span 盒子定义索引属性及相关的事件处理代码*/
for (var i = 0; i < ...; i++) {
    stars[i].... = ...;/*为每个星星所在的 span 盒子定义索引属性 index，属性值等于循环变量的值*/
    stars[i].... = function() {/*为每个星星所在的 span 盒子定义鼠标移入事件处理代码*/
        changeBg(...);/*调用切换背景图片的函数，参数为当前对象的索引属性值*/
        /*使用 innerHTML 修改元素内容为下标等于当前对象的索引属性值的总体评价数组元素*/
        info.... = ...;
    };
    stars[i].... = function() {/*为每个星星所在的 span 盒子定义鼠标移出事件处理代码*/
        changeBg (...);/*调用切换背景图片的函数，参数为 loc 变量*/
        if (...) {/*如果 loc 变量值等于-1*/
            info.... = '请评价';/*使用 innerHTML 修改元素内容为：请评价*/
        } else {
            /*使用 innerHTML 修改元素内容下标等于 loc 变量值的总体评价等级数组元素*/
            info.... = ...;
        }
    };
    stars[i].onclick = function() {/*为每个星星所在的 span 盒子定义鼠标单击事件处理代码*/
        loc = ...;/*将当前对象的索引属性值赋给变量 loc*/
    };
}
/*判断文本域中输入的字符是否超出了 255，如果超出了，则在头部用红色字体提示；否则显示输出了多少字符*/
```

```
textarea.... = function(){/*为 textarea 对象定义输入事件处理代码*/
    var len = ...;/*获取文本域中输入的字符个数*/
    if(len<=255){
        /*使用 innerHTML 修改信息提示区域中的内容为比 255 少的字符个数*/
        tip.... = "还可增加"+...+"个字符";
    }else{
        /*使用 innerHTML 修改信息提示区域中的内容为需要删除比 255 多出的字符个数*/
        tip.... = "请删除"+...+"个字符";
        tip.... = ...;/*将信息提示区域中的内容的前景颜色改为红色*/
    }
}
```

# 11.8　实验总结

　　本实验使用<div>、<span>和<textarea>等标签创建了一个既可以通过单击星星进行总体评价，也可以输入具体评价内容的评分页面。在 CSS 样式设置方面，通过使用类选择器、后代选择器、并集选择器、伪类选择器和元素选择器，实现了对相应元素的宽、高、边框、边距、字体、前景颜色和背景图片等样式的设置。在 JavaScript 方面，使用了 DOM 技术获取了事件源和需要动态变化的对象。通过自定义的索引属性，建立了星星和总体评价的对应关系。通过鼠标移入、移出及单击事件的处理，实现了星星背景总体评价的动态变化。通过输入事件的处理，实现了对输入评价内容字符的计算以及提示信息的动态显示。

## 12.1　实验目的

✧　掌握使用 DOM 技术获取元素、创建元素、附加及删除子元素、获取父节点和孩子节点的方式。

✧　掌握循环语句的使用以及索引属性的定义和使用。

✧　掌握鼠标单击事件及窗口加载事件的处理以及 this 关键字的使用。

✧　掌握数组元素的添加、删除及数组排序。

✧　掌握在 HTML 页面中插入 JavaScript 的链接方式。

## 12.2　实验环境

✧　开发工具：Dreamweaver、WebStorm 等工具。

✧　运行环境：Google Chrome 浏览器。

## 12.3　实验内容

每一类商品都具有多种属性，选购商品时，我们可以通过选择商品的不同属性值来筛选商品，以便快速找到我们想要的商品。比如在电商平台中，我们可从笔记本电脑的品牌、尺寸、内存容量和适用场景 4 个属性进行选购，图 12-1 为笔记本电脑商品筛选页面初始状态。

当鼠标分别单击品牌、尺寸、内存容量和适用场景这些属性中的某一个值（即选中某个值）时，所单击的值颜色发生变化，并且该值会显示在第一行"你选择的是："文本后面；并且不管单击品牌、尺寸、内存容量和适用场景属性顺序如何，在第一行都按品牌、尺寸、内存容量和适用场景的顺序依次显示，效果如图 12-2 所示。

图 12-1　商品筛选页面初始状态

图 12-2　显示所选择的商品

　　每一类属性的值只能选中一个。如果已经选择了某个值，再选择该类属性的其他值时，原来选中的值将被后面选的值替换，并显示在显示区域中，同时新选中值的颜色变为图 12-2 所示选中值的颜色，原来选中值的颜色则还原为黑色。图 12-3 为在图 12-2 选择商品后，再选择其他属性值的效果。

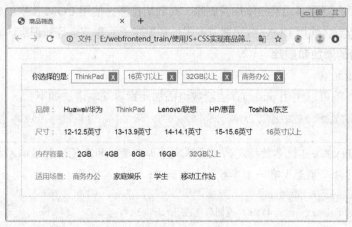

图 12-3　更改选项

单击第一行中的每个显示项目中的"X"按钮时，将删除该项目，同时下面对应该项目的属性中选中项的颜色还原为黑色，效果如图 12-4 所示。

图 12-4  删掉选择的某一项时的效果

要求：网页的所有外观表现全部使用 CSS 来设置，其中字号为 14px，中文字体为微软雅黑，英文和数字的字体为 Arial。

# 12.4  相关知识点介绍

本实验涉及了 HTML、CSS 和 JavaScript 三个方面的知识点。HTML 方面包括：<div>、<ul>、<li>和<a>等标签的使用。CSS 方面包括：字体、宽度、高度、边框、内外边距、前景颜色和背景颜色、文本水平居、单行文本垂直居中、盒子在浏览器窗口水平居中等样式设置，以及列表类型及元素类型的修改，以及将这些样式代码链接到 HTML 文档等知识点。JavaScript 方面包括：鼠标单击事件及窗口加载事件的处理、数组元素的添加及删除、数组排序、使用 DOM 技术创建元素、附加及删除子元素、获取父节点和孩子节点以及使用引用外部 JavaScript 文件的方式将 JavaScript 代码插入 HTML 文档等知识点。这些知识点中，有些已在前面的实训中介绍过了，对这些知识点在此将不再赘述。下面主要介绍数组元素的添加及删除，对数组排序，使用 DOM 技术创建元素，获取父元素节点及子元素节点，使用 DOM 给元素节点附加和删除子元素节点等知识点。

### 1. 数组元素的添加和删除

（1）添加数组元素。

数组创建后，就可以使用 push()方法给数组添加元素。基本语法如下：

```
数组对象.push(元素 1,元素 2,...,元素 n);
```

push()方法可把参数指定的元素依次添加到数组的末尾，并返回添加元素后的数组长度。该方法必须至少有一个参数。示例如下：

```
var arr = [1,2,3];
alert(arr.push(4));/*返回最终数组的长度:4*/
alert(arr);/*返回: 1,2,3,4*/
```

（2）删除数组元素。

使用 splice()方法可删除数组中从指定下标开始的若干个元素，基本语法如下：

```
数组对象.splice(index,count);
```

该方法的功能是从 index 参数指定位置开始删除 count 参数指定个数的元素，同时返回所删除的元素。count 参数为大于或等于 1 的数值。示例如下：

```
var arr = ['A','B','C','D'];
alert(arr.splice(0,1));/*两个参数，实现删除功能：从第1元素开始删除1个元素，返回：A*/
alert(arr);/*返回：B,C,D*/
```

### 2. 对数组排序

对数组排序可使用 sort()方法。sort()方法用于按某种规则排序数组：当方法的参数为空时，按字典序（即元素的 Unicode 编码从小到大的排序顺序）排序数组元素；当参数为一个匿名函数时，将按匿名函数指定的规则排序数组元素。sort()方法排序后将返回排序后的数组。示例如下：

（1）按字典序排序数组示例如下：

```
var arr = ['c','d','a','e'];
alert(arr.sort());/*返回排序后的数组：a,c,d,e*/
alert(arr);/*返回排序后的数组：a,c,d,e*/
```

上述代码使用了不带参数的 sort()排序数组，排序时会从左到右按位比较元素的每位字符的 Unicode 的大小，按 Unicode 的值从小到大进行排序。

（2）按匿名函数参数指定的规则排序数组示例如下：

```
var arr = [4,3,5,76,2,0,8];
arr2.sort(function(a,b){
    return a-b;/*从小到大排序*/
    //return b-a;/*从大到小排序*/
});
alert(arr);//返回排序后的数组：0,2,3,4,5,8,76
```

匿名函数中返回第一个参数减第二个参数的值，此时元素将按数值从小到大的规则排序：当两个参数的差为正数时，前后比较的两个元素将调换位置排序；否则元素不调换位置。如果返回第二个参数减第一个参数的值，则元素按数值从大到小的规则排序，元素调换规则和从小到大类似。

### 3. 使用 DOM 创建元素节点、获取父元素节点及子元素节点

（1）创建元素节点。

使用 document 对象调用 createElement()方法可创建一个元素节点（元素对象），该方法将返回所创建的元素对象。基本语法如下：

```
document.createElement("元素名");
```

创建元素示例如下：

```
var oP = document.createElement("p");/*创建一个p元素对象*/
```

（2）获取父元素节点。

使用 DOM 获取元素节点后就可以通过它的 parentNode 属性来获得该元素节点的父元素节点。基本语法如下：

```
元素节点.parentNode;
```

创建元素示例如下：

```
<div><p id="p1">演示 parentNode 属性的使用</p></div>
var oP = document.getElementById('p1');/*获得一个 p 元素对象*/
Var oDiv = oP.parentNode;/*由 p 元素对象引用 parentNode 属性来获得父元素对象*/
```

（3）获取子元素节点。

使用 DOM 获取了元素节点后就可以通过它的 children 属性来获得该元素节点的所有子元素节点。基本语法如下：

```
元素节点.children;
```

创建元素示例如下：

```
<div><p id="p1">第一段文字</p><p>第二段文字</p></div>
var oP = document.getElementById('p1');/*获得一个 p 元素对象*/
/*首先由 p 对象引用 parentNode 属性来获得 div 对象，然后由 div 对象获取其所有的 p 子元素对象*/
var aP = oP.parentNode.children;
```

### 4. 使用 DOM 给元素节点附加或删除子元素节点

（1）给元素节点附加子元素节点。

使用元素节点调用 appendChild（子节点）可将参数中指定的子节点添加到元素子节点列表的后面。基本语法如下：

```
元素节点.appendChild(子节点);
```

附加子元素节点示例如下：

```
<div id="div1"><p>第一个段落</p></div>
var oDiv = document.getElementById("div1");/*获取 div 节点*/
var oP = document.createElement("p");/*创建一个 p 元素节点*/
oP.innerHTML = "第二个段落";
oDiv.appendChild(oP);/*在 div 元素中的第一个 p 元素的后面添加创建的第二个段落 oP*/
```

上述代码执行后的结果为：<div id="div1"><p>第一个段落</p><p>第二个段落</p></div>。

（2）删除子元素节点。

使用元素节点调用 removeChild（子节点）可将参数中指定的子节点从元素节点中删除。基本语法如下：

```
元素节点.removeChild(子节点);
```

删除子元素节点示例如下：

```
<div id="div1"><p id="p1">第一个段落</p><p>第二个段落</p></div>

var oDiv = document.getElementById("div1");/*获取 div 节点*/
var oP1 = document.getElementById("p1");/*创建一个 p 元素节点*/
oDiv.removeChild(oP1);/*删除在 div 元素中的第一个 p 元素*/
```

上述代码执行后的结果为：<div id="div1"><p>第二个段落</p></div>。

# 12.5　实验分析

通过分析图 12-1，可知整个页面从结构上可分为两大块区域，一块用于动态显示选择的各个属性值，一块用于显示 4 个属性中可供选择的各个值。对于第一块内容，我们可以用一个 div 来组织。第二块内容因为每个属性的值的结构都是整齐划一的，因此我们可以使用一个无序列表来组织。另外，为了控制这两块区域的内容的宽度及其他样式，需要在这两块内容外面再套一个 div容器盒子。为了提示用户，每个属性的值是可单击的，这就需要在鼠标移到每个属性值上时鼠标指针变为手指形状。而由图 12-2 和图 12-3 及实验描述可知，当单击某个值时，页面会发生一些状态变化，比如单击的属性值的颜色会发生变化以及该值会动态地显示在第一块区域，这些状态的变化都可由 JavaScript 来实现，也就是说，当单击某个属性值时会执行对应的 JavaScript 代码。由此可知需要对属性值创建脚本链接。商品筛选页面的结构可使用以下 HTML 代码来表示：

```html
<body>
  <div>
    <div>你选择的是:</div>
    <ul>
      <li>
      品牌:
      <a href="javascript:;">...</a>
      ...
      </li>
      <li>
      尺寸:
      <a href="javascript:;">...</a>
      ...
      </li>
      <li>
      内存容量:
      <a href="javascript:;">...</a>
      ...
      </li>
      <li>
      适用场景:
      <a href="javascript:;">...</a>
      ...
      </li>
    </ul>
  </div>
</body>
```

由图 12-1 可知，整个页面的内容在浏览器窗口中水平居中，宽度和高度固定，外边框为粉红色，并且与浏览器窗口有一定的距离。由此可知，当对最外层的 div 容器设置宽度和高时，可设置左、右外边距为自动调节，而上、下外边距为某个大于 0 的值，再设置其 4 个方向的外边框即可。

由前面得到的 HTML 结构代码可知，显示选择商品的区域是一个 div。由图 12-1 可知，该 div 设置了高度，宽度则等于父元素的宽度，而且其中的单行内容垂直水平居中，因此还需要设置行高，并且值等于高度。而其中的文本和左边框具有一定的间距，由于该文本在 div 中没有使用其他盒子来放置，所以可通过设置段首缩进来设计样式。图 12-2 中显示的每个属性值则可以由一个子 div 来设置，由于需要将这些子 div 显示在同一行，所以需要将它们的块级元素类型修改为行内块级类型。从图 12-2 中，我们可看到各个子 div 之间以及第一个盒子和前面的文本之间都具有一定的距离和高度，文本前景颜色也不是默认的黑色，各个盒子中的内容和盒子左、右边框之间也具有一定的距离，单行文本在盒子中垂直居中，此外还具有一个粉红色的下边框。由此可知，用于显示选中的属性值的子 div 需要设置左右外边距、等值的高度和行间距、前景颜色、左右内边距以及下边框等样式。另外，在图 12-2 中，我们还看到每个子 div 的上面还叠加了一个×。由第 4 步的实验描述可知，单击这个×可删除对应的子 div，而删除功能将通过 JavaScript 代码来实现。由此可知，这个×其实是一个脚本超链接。为了实现×叠加到子 div 上的效果，需要对子 div 进行相对定位，而×脚本超链接则需要相对子 div 右上角进行绝对定位。另外，由图 12-2 可知，×在所在的盒子中水平和垂直两个方向都居中，同时具有一定的宽高、白色前景颜色和背景颜色等外观。所以我们还需要对×超链接设置宽、高、前景及背景颜色、行高以及文本水平居中等样式。因为需要设置×超链接的宽高，所以还需要修改超链接的类型为行内块级类型。此外，由于对父 div 设置了首段文本缩进样式，而该样式具有继承性，所以为了不影响子 div 的布局，还需要重置子 div 段首缩进样式为 0。

由前面的 HTML 结构代码可知，代码使用了无序列表 ul 显示每个属性的值。由于 ul 默认具有左内边距和上、下外边距，为了不影响布局，需要重置 ul 的内、外边距；另外每个列表项不需要显示前导符，所以还要修改 ul 的列表类型为 none。当 ul 的宽度和父元素 div 相等时，由前面各张图可知，列表项内容和 ul 的上、下、左边框都具有一个固定的间距，这些间距可由 ul 在这三个方向的内边距来达到。

由前面的 HTML 结构代码可知，商品的每个属性都是一个列表项，列表项中包含了每个属性的各种取值，而各个值又是一个脚本超链接。由图 12-1 可知，每个列表项之间都存在一定的距离，这个距离可由 li 元素设置内边距或外边距或高度得到。如果设置高度，则还需要设置行高，以保证列表项的单行文本在 li 元素中垂直居中。另外，在每个列表项中，用于描述每个属性类型的文本和作为属性值的文本颜色不一样，对此，我们可以通过对 li 设置前景颜色来得到描述文本的颜色，而属性值的颜色则由 li 元素中的 a 元素再次设置，以此来重置父元素 li 的前景颜色。默认情况下，超链接的前景颜色为蓝色，并且有下画线，但在图 12-1 中这些默认样式都没有，可见需要对超链接设置前景颜色以及取消下画线。但由于列表项中超链接的前景颜色和关闭选中项中超链接的前景颜色不一致，因此不能直接使用 a 元素选择器来设置，需要分别设置，但下画线的取消可以由 a 元素选择器来统一设置。在图 12-1 中，我们还看到超链接之间还具有一定的距离，这个距离可由 a 超链接设置内边距或外边距来实现。由图 12-2，我们看到超链接单击后会改变颜色，因此不能通过 CSS 样式来设置，而需要使用 JavaScript 来动态设置。

由实验要求可知，还需要设置字号，由于是对整个页面进行统一的设置，因此可以使用 body 选择器来进行设置。

由 HTML 页面结构代码可知，div 和 a 元素都重复出现了多次，因此为了便于设置样式，需要对这些元素添加 ID 名或类名或在设置样式时使用复合选择器。

为便于分离结构和表现，将前面所有的样式放到一个 css 文件中，然后通过链接该文件将 CSS 样式应用到 HTML 页面中。

由实验描述可知：当单击某个属性值超链接时，将触发鼠标单击事件。在该事件中需要把单击的属性值显示在第一行的显示区域，并且该属性值在列表项中要改变前景颜色。由于显示的属性值需要进行一些样式设置，因此需要将它放到一个盒子中，在这里我们可以使用 div 盒子。很显然这个 div 盒子需要由 JavaScript 动态生成，因此需要使用 DOM 技术来创建 div 元素。由图 12-1 可知，此时还需要创建关闭选中项的×超链接，并且要调用 appendChild()方法将创建的各个元素在适当的时机附加到相应的父元素上。而单击属性值后前景颜色的变化可通过使用 JavaScript 设置元素的 color 样式属性实现。

由实验描述可知，在第一行显示区域中的属性值显示的顺序要求与列表项中对应的属性排列的顺序一致，如果单击时没有按属性排列的顺序依次进行单击，则选中的属性值应按列表项的顺序从小到大调整位置。为了建立选中的属性值和对应的列表项之间的对应关系，首先需要给每个列表项自定义一个索引属性，然后在前面创建用于存放选中的属性值的 div 元素时，也定义索引属性，并且值等于对应列表项的索引属性值。对应列表项的索引属性值通过在属性值超链接的单击事件中，使用获取当前对象父节点（parentNode）的索引值的方式来得到。为了便于动态显示新建的包含了选中属性值及×超链接的 div 盒子，我们可以把每次创建的 div 盒子存放到一个数组中。这样就可以通过数组调用 sort()方法对数组元素按索引属性值的大小进行升序排序，从而使显示的属性值的顺序和列表项中属性排列顺序一致。在显示时则可以通过循环语句，将遍历到的每个数组元素，即新建的 div 盒子，依次附加到显示区域的 div（父元素）上。为了每次单击属性值时都能更新显示，每次在显示属性值前都要将显示区域中 div 的内容重置为"你选择的是:"。

由于每类属性一次只能选择其中的一个属性值进行显示。因此我们需要对一个属性是否已有值进行标识，这可以通过声明一个变量来达到。初始时，将该标识变量的值设置为 false。单击某个属性值超链接时，我们可以首先对存放选中属性值的数组中的每个元素进行判断，如果数组元素的索引等于对应列表项的索引，则修改标识变量的值为数组元素的下标。判断完每个数组元素后，接着判断标识变量的值，如果等于 false，表示显示区域中没有这类属性值，则需要调用数组的 push()方法将前面创建的 div 盒子存放到数组中，否则就使用标识变量作为数组下标，并将新建的 div 盒子赋给这个数组元素，以替换这个数组元素。

当单击显示区域 div 盒子上的×超链接时，将触发鼠标单击事件。在该事件中需要调用数组的 splice()方法删除存放在数组中的对应的 div 盒子，同时还需要将属性列表项中对应的属性值的颜色还原为默认颜色，即黑色。为了简化代码，我们可以使用循环语句将对应的列表项中超链接的 color 样式全部清空。最后还要调用 DOM 对象 romveChild()方法将显示区域 div 对应的子 div 盒子删掉。

为便于分离结构和动作，将所有 JavaScript 代码全部放到一个 js 文件中，在 js 文件中添加窗口加载事件，并将 js 文件中所有 JavaScript 代码作为该事件的处理代码。在 HTML 页面中通过<script>标签引用 js 文件来应用 JavaScript 代码。

# 12.6　实验思路

在<body></body>之间使用<div>、<ul>、<li>和<a>标签搭建如"实验分析"内容中所示的页面结构。

使用 body 选择设置页面字体；使用 ID 选择器设置最外层容器 div 的宽、高、外边框以及在浏览器窗口中水平居等样式；使用 ID 选择器设置选中属性值显示区域的宽、高、行高、段首缩进、下边框等样式；使用 ul 元素选择器重置 ul 的内、外边距为 0，并设置列表类型为 none；使用 li 选择器设置列表项的颜色、高度、行高等样式；使用 a 元素选择器设置所有超链接没有下画线；使用复合选择器设置无序列表项中的超链接颜色及外边距等样式；使用复合选择器设置动态创建的容纳选中属性值的 div 相对定位、高度和行高等值、内外边距、前景颜色、边框等样式，并且将元素类型改为行内块级，并重置从父元素继续的段首缩进为0；使用复合选择器设置选中属性值显示区域中的超链接相对父元素的右上角绝对定位、宽度、高度、行高、前景颜色及背景颜色、文本水平居中以及元素类型为行内块级等样式。最后使用链接方式将上述样式设置代码应用到 HTML 文档中。

在头部区域添加<script src="xxx.js" type="text/javascript"></script>将 xxx.js 的 JavaScript 代码引入 HTML 文档。在 xxx.js 文件中，添加 window.onload 事件，事件处理代码首先使用 DOM 技术分别获取显示区域中的 div、列表属性区域中的 ul、所有 li 以及 li 中的所有 a 等对象，并声明用于存储选中属性值的数组变量。然后使用循环语句给所获得的所有 li 对象自定义索引属性，属性取值为 0 至（li 个数−1）。接着使用循环语句对每一个 li 中的超链接 a 定义鼠标单击事件处理代码，实现创建 div 和 a 元素及使用 innerHTML 设置这些元素内容，将新建的元素在适当时机附加在对应父元素的子元素列表的后面，获取对应 li 的索引属性值并将其和新建的 div 的索引属性绑定，切换选中和非选中属性值颜色，通过判断标识变量的值进行数组元素的添加或删除，对数组按元素的索引值从小到大进行排序等功能。同时在该事件处理程序中再对关闭容纳选中属性值的 div 的×超链接定义鼠标单击事件处理代码，实现从数组中删除对应创建的 div 对象，将创建的对应的 div 从显示区域中删除，将对应列表项中所有的属性值前景颜色还原等功能。

# 12.7　实验指导

（1）新建一个 HTML 文档，并将文档标题设置为"使用 JavaScript+CSS 实现商品筛选"。

（2）在文档的头部区域添加以下代码链接外部 css 文件：

```
<link href="css/choose.css" rel="stylesheet" type="text/css"/>
```

（3）在文档的主体区域<body></body>标签对之间使用<div>、<ul>、<li>和<a>标签搭建网页结构，并根据所提供的代码及图 12-1 补充以下代码：

```
<body>
  <div id="wrap">
```

```
    <div id="choose">
      你选择的是:
    </div>
    <ul>
      <li>
        品牌:
        <a href="javascript:;">Huawei/华为</a>
        ...
      </li>
      <li>
        尺寸:
        <a href="javascript:;">...</a>
        ...
      </li>
      <li>
        内存容量:
        <a href="javascript:;">...</a>
        ...
      </li>
      <li>
        适用场景:
        <a href="javascript:;">...</a>
        ...
      </li>
    </ul>
  </div>
</body>
```

（4）在当前 HTML 页面同一目录下创建 css 文件夹，并在 css 文件夹中创建 choose.css 样式文件，然后在 choose.css 中分别编写下面第（5）步~第（13）步中的 CSS 代码。

（5）使用 body 元素选择器设置页面的字号为 14px，字体为 Arial。

```
body {
    font-size:...;
    font-family:...;
}
```

（6）使用 ID 选择器设置最外层 div 的宽度为 630px，高度为 260px，上、下外边距为 30px、左、右外边距自动，边框为 1px 的粉红色实线。

```
#wrap {
    width:...;
    height:...;
    margin:...;
    border:...;
}
```

（7）使用 ID 选择器设置选中属性值显示区域 div 的宽度和父元素相等，高度和行高都为 50px，段首缩进 21px，下边框为 1px 的粉红色实线。

```
#choose {
    width:...;
    height:...;
```

```
    line-height:...;
    text-indent:...;
    border-bottom:...;
}
```

（8）使用 ul 元素选择器设置外边距都为 0，上、下内边距为 17px，左、右外边距分别为 28px 和 0，列表类型为 none。

```
ul {
    margin:...;
    list-style:...;
    padding:...;
}
```

（9）使用 li 元素选择器设置前景颜色为#999，高度和行高都为 44px。

```
li {
    color:...;
    height:...;
    line-height:...;/*每个列表项内容垂直居中*/
}
```

（10）使用后代选择器设置列表项中超链接的前景颜色为黑色，上、下外边距为 0，左、右外边距分别为 5px 和 12px。

```
ul a {
    margin:...;
    color:...;
}
```

（11）使用元素选择器设置页面的所有超链接没有下画线。

```
a {
    text-decoration: ...;
}
```

（12）使用后代选择器设置选中属性值显示区域前景颜色为#28a5c4，相对定位，元素类型为行内块级，高度和行高都为 24px，上、下外边距分别为 12px 和 0，左、右外边距都为 5px，上、下内边距都为 0，左、右内边距分别为 6px 和 30px，段首缩进为 0，下边框为 1px、颜色为#28a5c4 的实线。

```
#choose div {
    position:...;
    display:...;
    height:...;
    line-height:...x;
    border:...4;
    color:...;
    margin:...;
    padding:...;
    text-indent:...;/*重置父元素 div 的段首缩进*/
}
```

（13）使用后代选择器设置选中属性值显示区域中超链接相对父元素的右上角（2px,3px）进行绝对定位，宽度、高度和行高都为 18px，前景颜色为白色，背景颜色为#28a5c4，字号为 16px，文本水平居中，元素类型为行内块级。

```
#choose div a {
```

```
    position:...;
    top:...;
    right:...;
    display:...;
    width:...;
    height:...;
    line-height:...;
    background:...;
    color:...;
    font-size:...;
    text-align:...;
}
```

（14）在当前 HTML 页面同一目录下创建 js 文件夹，并在 js 文件夹中创建 choose.js 脚本文件，然后在页面的头部区域添加以下代码：

```
<script src="js/choose.js" type="text/javascript"></script>
```

（15）打开 choose.js 文件，在其中编写以下 JavaScript 代码，并根据注释补充以下 JavaScript 代码：

```
window.... = function(){/*window 的加载事件处理*/
  var ul = ...;/*使用 querySelector()方法获取 ul 元素对象*/
  var lis = ...;/*使用 querySelectorAll()方法获取所有 ul 中的列表项 li 对象*/
  var option = ...;/*使用 querySelectorAll()方法获取 ul 元素中所有的超链接 a 对象*/
  var choose = ...;/*使用 querySelector()方法获取指定 choose ID 名的元素对象*/
  var arr = ...;/*定义一个空元素的数组*/
  for(var i = 0; i < lis.length; i++){
      ....index = ...;/*为每一个列表项 li 对象定义索引属性，值为循环变量的值*/
  }
  /*使用循环语句为 ul 元素中每一个超链接 a 对象定义鼠标单击事件处理程序*/
  for(var i = 0; i < ....length; i++){
      ...[i].... = function(){/*定义每一个超链接 a 对象的鼠标单击事件处理程序*/
          var pid = ....index;/*获取当前对象父节点的索引属性值*/
          var mark = ...("div");/*创建一个 div 元素*/
          var a = ...("a");/*创建一个 a 元素*/
          var isReplace = false;/*声明一个用于标识某个列表项中的属性值是否已被选择*/
          /*遍历当前对象父节点下的所有子节点*/
          for (var i = 0; i < this.parentNode....; i++) {
              /*使当前对象的 li 父对象中的每个子对象的前景颜色全部还原*/
              ....style.color = '';
          }

          ... = '#28a5c4';/*设置当前对象的前景颜色*/
          a.href = "javascript:;";
          a.... = "x";/*设置前面创建的 a 元素的内容为 x*/

          mark.... = ...;/*设置前面创建的 div 元素的内容为当前对象的内容*/
          mark....;/*将 a 元素附加到 mark 对象子元素列表的后面*/
```

```
        mark.pid = ...;/*将前面获取的当前对象的 li 父元素的索引属性值赋给 mark 对象的自定义属性*/
        /*判断每类属性中是否有属性值被选中了*/
        for(var i = 0 ; i < arr.length; i++){
            /*判断当前对象的 li 父元素的索引是否和存放选中属性值的数组中某个元素的索引相等，如果
                相等，将标识变量的值设置为数组下标*/
            if(arr[i].pid == ...){
                isReplace = ...;
            }
        }

        /*如果没有选择某一列表项中的属性值，则将创建的 div 元素添加到数组中，否则用创建的 div 替换
            对应的数组元素*/
        if(isReplace === false){/* "===" 表示衡等于，表示需要类型和值同时相等才返回 true*/
            arr....;/*将创建的 div 元素添加到数组中*/
        } else {
            arr[isReplace] = ...;/*用创建的 div 替换对应的数组元素*/
        }

        arr.sort(function(mark1,mark2){
            return mark1.... - mark2....;/*按 mark 索引值从小到大的方式排序*/
        });
        choose.... = "你选择的是:";/*重置第一行显示区域中的 div 元素内容*/
        /*将存放在数组 arr 中的所有元素依次附加到第一行显示区域中 div 元素的子元素列表后面*/
        for(var i = 0; i < ...; i++){
            choose....;/*将遍历到的每个数组元素附加到 choose 对象的子元素列表后面*/
        }

        a.... = function (){/*处理 a 元素的单击事件*/
            arr....(mark.pid,...);/*删除下标等于 mark 对象 pid 属性值的数组元素*/
            choose....(mark);/*从 choose 对象中删除 mark 子对象*/
            /*遍历对应删除的 mark 对象的 li 对象的所有子节点*/
            for (var i = 0; i < lis[mark.pid]....; i++) {
                /*将对应删除的 mark 对象的 li 对象的每个子节点前景颜色全部还原*/
                lis[mark.pid].....style.color = '';
            }
        }
    };
  };
 }
};
```

# 12.8  实验总结

本实验使用<div>、<ul>、<li>和<a>标签创建了一个商品选购页面。在 CSS 样式设置方面，

通过使用类选择器、后代选择器、ID 选择器和元素选择器，实现了对相应元素的宽、高、边框、边距、字体、前景颜色和背景颜色、文本水平及垂直居中、段首缩进等样式的设置，以及元素类型的修改和定位排版。在 JavaScript 方面，首先使用 DOM 技术获取了事件源和需要动态变化的对象。在单击事件的处理中，通过访问 DOM 对象的 parentNode、chidren 属性以及调用 createElement()、appendChild() 和 removeChild() 等 DOM 方法实现了元素的获取以及元素的动态生成和删除，实现了商品属性的选择以及动态显示所选商品。然后使用 push() 方法和 slice() 方法实现了数组元素的动态变化，并通过 sort() 方法使用匿名函数实现了数组元素按元素的索引属性值从小到大的排序，确保了筛选商品显示区中属性的显示和属性列表区中顺序的一致。最后通过窗口加载事件实现了 HTML 和 JavaScript 代码的分离。

# 使用 HTML5+CSS+JavaScript 创建企业级网站

## 13.1　实验目的

✧　熟悉并掌握创建网站的相关流程。

✧　掌握\<div\>、\<ul\>、\<li\>、\<a\>、\<span\>及常用的 HTML5 的文档结构标签的使用。

✧　掌握使用 CSS 进行盒子外观设置、排版盒子方式及 CSS 在 HTML 页面中的应用方式。

✧　掌握 DOM 技术获取元素以及动态修改元素内容和样式的方法。

✧　掌握定时器、JavaScript 数组的创建及使用。

✧　掌握常用的 JavaScript 事件处理。

✧　掌握在 HTML 页面中插入 JavaScript 的链接方式。

## 13.2　实验环境

✧　开发工具：Dreamweaver、WebStorm 等工具。

✧　运行环境：Google Chrome 浏览器。

## 13.3　实验内容

本实验要求使用 HTML5+CSS+JavaScript 创建一个企业级网站，下面将以创建图 13-1 所示的网站首页为例让学生掌握企业级网站所涉及的整个流程。

要求：

（1）使用 HTML5 相关的文档结构标签搭建网页结构。

（2）导航条如图 13-1 所示，包含二级菜单。

（3）Banner 是一个轮播图片。

图 13-1　网站首页

# 13.4　相关知识点介绍

本实验涉及了 HTML、CSS、JavaScript 以及网站策划、网页规划等创建流程方面的知识点。HTML 方面包括：<div>、<span>、<ul>、<li>和<a>、<nav>、<footer>、<section>等标签的使用。CSS 方面包括：字体、宽度、高度、边框、内外边距、宽度、前景和背景颜色、列表类型及元素类型的修改、文本水平居中、单行文本垂直居中、盒子在浏览器窗口水平居中等样式设置、盒子的浮动和定位排版，以及将这些样式代码链接到 HTML 文档等知识点。JavaScript 方面包括：鼠标单击事件、鼠标移入、鼠标移出、窗口加载事件的处理、数组元素的创建及使用、定时器、使用 DOM 技术获取元素、使用 innerHTML 修改元素内容、使用 style 及 CSS 属性动态修改元素样式以及使用引用外部 js 文件的方式将 JavaScript 代码插入 HTML 文档等知识点。这些知识点中，绝大部分已在前面的实训中介绍过了，对这些知识点在此将不再赘述，下面主要介绍网站策划、网页规划等创建流程方面的知识点。

网站创建流程主要包括：网站策划、网站素材资源收集和文件规划、网页规划、网站目录设计、网页制作、网站测试和网站发布等 7 个主要步骤。

1. **网站策划**

网站策划，即网站定位。在创建一个网站前，首先必须确定网站的主题。这一步主要是明确网站的类型，即确定网站是作为个人主页，还是作为门户网站、社交网站、公司网站或是电子商务网站。确定网站的类型后还要明确网站所针对的对象以及网站内容所围绕的主题。

2. **网站素材资源收集和文件规划**

网站定位后，接下来就应该围绕网站的主题和访问对象收集网站的素材资源及规划网站需要的文件。

网站素材资源主要包括文字、图片、动画、声音及影像等类型的资料。网站素材的收集途径主要有以下两种。

（1）自己编制文字材料；使用一些制作软件（如 Photoshop、Fireworks 等软件）制作图片，使用 Flash 等软件制作动画，以及使用一些影视软件制作影像视频等多媒体文件。

（2）从网络、书本、报纸、杂志、光盘等媒体中获取所需素材。

收集到素材后应将其分门别类地保存在相应的目录中，以便制作网站时使用。另外，在使用别人的素材时，要注意版权问题以及确保内容的完整性与正确性。

网站文件的规划主要包括对 HTML 页面、CSS 以及 JavaScript 等内容的规划。

（1）HTML 页面规划：根据网站策划，规划整个网站需要哪些 HTML 页面。

（2）CSS 规划：根据规划好的 HTML 页面，规划应该创建哪些 css 文件，以及 CSS 代码嵌入 HTML 页面的方式。一般来说，每个 HTML 页面都会或多或少用到一些 CSS 代码，如果一个 HTML 页面涉及很多 CSS 代码，则需要将这些 CSS 代码放到一个 css 文件中，然后使用链接方式嵌入 HTML 页面。另外，如果一段 CSS 代码需要在多个页面中共享，则需要将这些 CSS 代码抽取出来作为一个通用的样式代码放到一个 css 文件中，然后通过链接方式分别链接到需要使用的 HTML 页面中。此外，还有一些元素需要重置默认样式，通常会把这些元素的重置代码放到一个 css 文件中。由此可知，一个网站中通常会存在重置样式文件 reset.css，通用样式文件 common.css，以及针对各个 HTML 页面的样式文件。

（3）JavaScript 规划：要实现 HTML 页面需要的动态效果，我们需要编写相应的 JavaScript 代码。当一个 HTML 页面需要的 JavaScript 代码比较多，或多个页面需要共用某部分 JavaScript 代码时，需要将这些代码放到一个单独的 js 文件中，然后通过链接的方式插入 HTML 页面。只有极少数的且只针对某个页面的 JavaScript 代码会直接嵌入 HTML 页面。

3. **网页规划**

网页规划包括网页版面布局和颜色规划。

网页版面，指的是在浏览器中看到的完整的一个页面的大小。由于浏览器有 1280px×800px、1600px×900px、1920px×1080px 等多种不同的分辨率，故为了能在尽可能多的浏览器窗口中完整地显示页面，在制作网页时需要对页面的宽度进行设置。页面宽度一般不超过 1200px 或将网页设置为自适应浏览器宽度变化。

网页版面布局指的是网页结构的设计，即合理地设计页面中的栏目和板块，并将其合理地分布在页面中。如网站主页的基本构成内容包括网站标志、广告条、导航栏、主内容区、页脚等，在进行网页规划时需要对这些内容进行布局。如作为网站标志应该能集中体现网站的特色、内容及其内在的文化内涵和理念，通常放到页面的左上角；广告条位置应该对访问者有较高的吸引力，通常在此处放置网站的宗旨、宣传口号、广告语或设置为广告席位来出租；导航栏则可以根据具体情况放在页面的左侧、右侧、顶部和底部；主内容区一般是二级链接内容的标题、内容提要或内容的部分摘录，布局通常是按网站内容的分类分栏或划分板块；页脚通常用来标注站点所属单位的联系方式、网络备案以及版权所有或导航条。

页面颜色规划需要遵循一定的原则：保持网页色彩搭配的协调性；保持不同网页色彩的一致性；根据页面的主题、性质及浏览者来规划整体色彩。

**4．网站目录设计**

为了能正确地访问，以及便于日后的维护和管理网站上的各种资源和文件，我们需要针对不同类型的资源和文件进行分门别类地保存。为此需要进行网站目录设计。设计网站目录时，需要遵循这样的原则：目录的层次不要太深，一般不要超过 3 层；不要使用中文目录；尽量使用意义明确的目录名称。

一个网站的目录一般按以下步骤来设计：

（1）创建一个站点根目录。

（2）在站点根目录下为每个导航栏目创建一个目录（除首页栏目外）。

（3）在站点根目录下创建用于存放图片的 images 目录。

（4）在站点根目录下创建一个保存样式文件的 css 文件夹。

（5）在站点根目录下创建一个保存脚本文件的 js 文件夹。

（6）如果有 Flash、AVI 等多媒体文件，则可以在站点根目录下再创建一个用于保存多媒体文件的 media 文件夹。

（7）创建主页，将主页命名为 index.html 或 default.html，并存放在根目录下。

（8）每个导航栏的文件分别存放在相应导航栏目录下。

**5．网页制作**

上述各项工作准备好后，就可以开始制作网页了。网页包括静态网页和动态网页。如果是静态网页，只需使用 HTML、CSS 和 JavaScript 等前端语言或 Boostrap、Vue 等一些前端框架技术来制作；如果是动态网页，则还需要使用到诸如 JSP、ASP.net、PHP 等用于创建动态网页的技术。在此我们主要介绍静态网页的制作。静态网页的制作可以使用任意一种文本编辑工具，如记事本、Dreamweaver、WebStorm 等工具。

**6．网站测试**

为了保证所创建的网站能被用户快速有效地访问到，在发布网站之前及之后都应对网站进行测试。根据测试内容的不同，网站测试分为以下 3 种类型。

（1）浏览器兼容的测试：在不同的浏览器中和在不同的浏览器版本下访问网页，查看显示情况是否正确。

（2）链接测试：单击每一个链接，查看能否正确链接到目标页面，确保不存在无效和孤立链接。

（3）发布测试：将网站发布到 Internet 上后，对网站中的网页进行链接及访问速度等内容的测试，确保各个链接有效，同时访问速度可接受。

**7．网站发布**

网站创建好后，就可以申请域名供别人访问了，如果需要使用别人提供的网站空间，则还需要申请空间，并且将网站上传到所申请的空间上。网站的上传可以使用 cutFtp 等 FTP 软件，也可以使用 Dreamweaver 软件的上传文件功能。

# 13.5　实验分析

在创建本实验的校园网站时，应首先进行网站策划，然后依次进行素材资源收集及文件规划、网页规划、网站目录设计，最后进行网页制作。

## 1. 网站策划

网站策划，即网站定位，主要是明确网站的类型。经过策划，我们确定将创建的网站是一个校园网站（企业级网站），主要用于介绍学校、招生及人才培养、师资、校园文化、人才需求和有关学校的新闻资讯。网站主要面向的用户是学校师生以及想要了解学校的一些用户，如家长、高考学生和一些求职应聘者。

## 2. 网站素材资源收集和文件规划

根据上面的策划，在网站制作前，需要收集网站中用到的一些素材，如网站标志（Logo）、轮播广告中需用到的图片，以及各个导航栏目需用到的各种相关文字及图片资料信息。

HTML 页面的规划：整个网站的页面主要有 index.html、每个导航条的二级菜单对应的一个页面。

CSS 的规划：一般每个页面会有一个针对本页面的 CSS 样式表，以及对各个页面通用的 common.css 和对某些页面会用到的重置样式表 reset.css；如果需重置的样式代码比较少，也可以不创建专门的 reset.css 文件，而直接将这些代码放到 common.css 或针对各个页面的 CSS 样式表中。

JavaScript 的规划：一般会有针对页面独有的实现动态效果的 JavaScript 代码以及一些实现公共动态效果的 JavaScript 代码。这些代码通常会首先被制作为一个独立的 js 文件，然后通过链接方式引入 HTML 页面。如果页面独有的 JavaScript 代码量比较少，也可以直接嵌入 HTML 页面。本实验中的首页涉及两个动态效果：一个是鼠标移到导航条栏目时会弹出二级菜单，鼠标移开后二级菜单消失；另一个是轮播广告，需要使用 JavaScript 的定时器对图片进行定时切换，以及单击广告下面对应的圆点时进行图片切换。这些代码具有一定的数量，所以需要和 HTML 页面分离，将其放到一个单独的 js 文件中。

## 3. 网页规划

网页规划包括网页版面布局和颜色规划。

为了让尽可能多的浏览器能在一个窗口中完整地显示网页内容，同时又不至于使网页在分辨率高的浏览器中显得很小，本网站除了页眉、页脚和浏览器窗口等宽外，主体内容的宽度应设置为小于 1200px。由图 13-1，我们可确定网站包括的栏目主要有学校概况、党的建设、招生就业、人才培养、校园文化、队伍建设、创业学院、图书馆、信息公开。网页涉及的板块主要包括网站 Logo、导航条、轮播广告、主内容区和页脚。通过对图 13-1 所示的网站首页进行分析，可知该首页使用的版式是：页眉+主体内容+页脚版式，页面的总体结构如图 13-2 所示，对应的 HTML 结构代码如图 13-3 所示。通过对首页的分析，我们可以看到：页眉又划分为 Logo+导航条+广告条；主体内容则可划分为三块内容，第一块为华软要闻，第二块为华软快讯和学科竞赛，第三块为媒体华软和讲座预告。细分结构后首页的总体结构如图 13-4 所示，对应的 HTML 结构代码如图 13-5 所示。

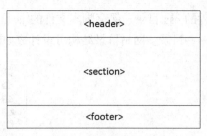

图 13-2　页面总体结构　　　　　　　　　　　图 13-3　页面 HTML 结构

| Logo |
| 导航条 |
| 广告条 |
| 华软要闻 |

| 华软快讯 | 学科竞赛 |
| 媒体华软 | 讲座预告 |

| 页脚 |

| &lt;div id="Logo"&gt; |
| &lt;nav&gt; |
| &lt;div id="banner"&gt; |
| &lt;section&gt; |

| &lt;section&gt; | &lt;section&gt; |
| &lt;section&gt; | &lt;section&gt; |

| &lt;footer&gt; |

图 13-4　页眉和主体细分后的页面总体结构　　　图 13-5　页眉和主体细分后的页面 HTML 结构

由图 13-5 可得到图 13-1 所示页面的 HTML 结构代码如下：

```html
<body>
  <header>
    <div id="Logo">...</div>
    <nav>...</nav>
    <div id="banner">...</div>
  </header>
  <section class="main">
    <section class="fst">...</section>
    <section class="snd">
      <section class="kaixun">...</section>
      <section class="jingshai">...</section>
    </section>
    <section class="thr">
      <section class="meiti">...</section>
      <section class="jiangzhuo">...</section>
    </section>
  </section>
  <footer>...</footer>
</body>
```

　　网页颜色规划需要从两方面考虑，一是网页内容，二是访问者。在网站策划中已知道，网站面向的用户是学校师生以及想要了解学校的用户，如家长、高考学生和一些求职应聘者，因而网站应做得简洁、大方。为此，将网站的背景色调定为浅色调，前景主色调定为黑色，对某些需强调或希望引起浏览者注意的地方则使用棕色。

## 4. 网站目录设计

　　根据前面的分析，该网站的目录可包括首页 index.html、保存网站图片的 images 目录、保存样式文件的 css 目录、保存脚本文件的 js 目录、保存多媒体文件的 media，以及针对导航条栏目设置的一些目录。网站目录结构可设计成如图 13-6 所示。

图 13-6　网站目录结构

在上述各个对应导航条栏目的文件夹中则包含了对应每个二级菜单的 HTML 文件。

**5．网页制作**

我们可以使用任意文本编辑工具制作网页，但为了提高网页的制作效率，建议大家使用 Dreamweaver 等可视化的网站管理和制作工具。使用 Dreamweaver 工具时，首先使用它的"站点"菜单创建一个本地站点，然后在这个站点中把第四步设计好的目录——创建好，最后就可以开始网页制作了。

（1）CSS 样式设置。

在制作网页时需要使用 CSS 进行页面外观设置。由图 13-1 可知，整个页面涉及的 CSS 样式主要有背景颜色、内外边距、边框、无序列表类型的取消、超链接在不同状态下的样式及宽度和高度、文本水平居中、盒子在父盒子中水平居中和垂直居中等样式，以及浮动和定位排版。这些样式的设置可使用元素、类、ID、后代、并集、伪类等选择器进行设置。

（2）JavaScript 代码编写。

由 13-1 所示的页面中需要使用 JavaScript 代码的地方有两处：一是导航条二级菜单的显示和隐藏及相关样式的切换；二是轮播广告。这两处的 JavaScript 代码编写可分别参考实训 6 和实训 8。

# 13.6　实验思路

在前面分析得到的 HTML 页面结构代码的基础上，根据图 13-1 所示页面结构对各块结构补充相应的内容。对导航条二级菜单的创建及轮播广告的创建可参考实训 6 和实训 8。

整个页面的 CSS 代码可放到一个 css 文件中，对具有相同样式的设置可使用并集选择器来设置。对出现在不同结构中的相同元素的样式，可以使用后代选择器来设置，或通过添加类名使用类选择器或添加 ID 名使用 ID 选择器来设置。

导航条二级菜单的创建及轮播广告中涉及的 JavaScript 代码可以放到一个 js 文件中，此时需要特别注意获取不同结构中的同名元素时不能只采用元素名。此时常常会通过调用 querySelector()方法或 querySelectorAll()方法时使用不同的后代选择器来分别获取这些元素。

# 13.7　实验指导

（1）新建一个名称为 index.html 的文档，并将文档标题设置为"华软首页"。

（2）在 css 目录下新建 index.css 文件，index.html 用到的所有 CSS 代码全部放到 index.css 文件中。在文档的头部区域添加以下代码链接 index.css 文件：

```
<link href="css/index.css" rel="stylesheet" type="text/css"/>
```

（3）在 index.css 中设置 body 盒子外边距为 0，文本水平居中，字体为正常格式的 14px 字号的微软雅黑。ul 的列表类型为 none，文本水平居左，没有内、外边距。文本超链接的前景颜色为黑色，并且没有下画线。

（4）在 js 目录下新建 index.js 文件，index.html 中需要用到的所有 JavaScript 代码全部放到 index.js 中。在文档的头部区域添加以下代码引用 index.js 文件：

```
<script src="js/index.js" type="text/javascript"></script>
```

（5）首页头部的制作：要求制作图 13-7 所示的页面头部。

图 13-7　页面头部

从图 13-7 中可知页面头部包括 Logo、一个具有二级菜单的导航条和轮播的 banner 广告条，对应的 HTML 结构代码如下：

```
<header>
  <div id="Logo">...</div>
  <nav>...</nav>
  <div id="banner">...</div>
</header>
```

根据以下描述，在上述 HTML 结构代码的基础上编写相应的 HTML、CSS 和 JavaScript 代码，制作图 13-7 所示的页面头部。

① 头部区域的背景颜色设置为#F5F8F8。

② 网站使用的 Logo 为保存在 image 目录下的 Logo.png，该图片大小为 408px×55px。设置 Logo div 盒子的大小为 408px×55px，背景为 Logo.png，下外边距为 10px。

③ 图 13-7 所示的导航条包含一个二级菜单，该导航条的创建可参考实训 6。实训 6 中二级菜单相对于右上角进行定位，并且二级菜单的背景颜色为黑色，图 13-7 中的二级菜单要求相对于

左上角进行定位，并且二级菜单的背景颜色为#6CC。

④ 图 13-7 所示的 banner 广告条，是一个图片轮播，实现了 images 目录下 b0.jpg、b1.jpg 和 b2.jpg 三张图片的轮播，具体实现代码可参考实训 8。

⑤ 将导航条中二级菜单的显示和隐藏及菜单背景颜色的切换等动态效果，以及轮播广告所涉及的 JavaScript 代码，全部放到 index.js 文件中。

（6）在 index.css 中设置主体内容的最外层<section>的宽度为 1060px，并且左、右外边距自动，上、下外边距为 0。

（7）首页第一块主体内容的制作：要求制作图 13-8 所示的第一块主体内容。

图 13-8　第一块主体内容

从图 13-8 中可知，该区域可划分为三块内容：标题、"更多"超链接和新闻，其中新闻部分内容又可划分为左、右两块，左边是一个图文介绍，右边包含多个文本超链接。对应的 HTML 结构代码如下：

```
<section class="fst">
    <h3>...</h3>
    <div class="more"><a href="" target="_blank">...</a></div>
    <section class="left">
        <div class="photo">...</div>
        <div class="txt">...</div>
    </section>
    <section class="right">
        <ul>
            <li><a href="" target="_blank">...</a></li>
            ...
        </ul>
    </section>
</section>>
```

① 根据图 13-8，将上述 HTML 结构代码中的内容补充完整。

② 在 index.css 文件中设置第一块主体内容的容器盒子宽度和父盒子的宽度一样，高度为 260px。设置三级标题前景颜色为#900，文本水平居左，上外边距为 5px，下外边距为 0，下边框为 3px 颜色为#900 的实线。设置"更多"超链接水平居右，内边距为 10px，链接文本的前景颜色为#666。设置左边的图文 section 盒子向左浮动，宽度为 620px。设置其中的 photo 盒子向左浮动，并且其中的图片宽度为 300px，高度为 180px。设置其中的 txt 盒子向左浮动，宽度为 290px，左外边距为 10px。

③ 图 13-8 中新闻部分内容左边的文本：棕红色的新闻标题设置为四级标题字，而下面的简述内容则设置为一个段落。

④ 在 index.css 文件中设置四级标题字水平居左、行高为 26px，颜色为#900，下外边距为 0，上外边距为 10px。设置简述文本段落上外边距为 0，段首缩进 24px，文本水平居左，行高为 26px，前景颜色为#999。

⑤ 在 index.css 文件中设置右边的 section 向右浮动，宽度为 410px，文本水平居左。并设置该盒子中的 li 内边距为 10px，下外边框为 1px 的#ccc 颜色的点线。

（8）首页第二块主体内容的制作：要求制作图 13-9 所示的第二块主体内容。

图 13-9　第二块主体内容

从图 13-9 中可知，该区域可划分为"华软快讯"和"学科竞赛"左、右两块内容。左边的华软快讯又可划分为标题区域和使用无序列表创建的快讯文本超链接，其中标题区域中包括了一个三级标题和"更多"文本超链接。右边的学科竞赛又可划分为上面的图片和下面使用无序列表创建的文本超链接。对应的 HTML 结构代码如下：

```
<section class="snd">
    <section class="news">
        <div class="title">
            <h3>...</h3><a href="" target="_blank">...</a>
        </div>
        <ul>
            <li class="strong">
                <a href="" target="_blank">...</a>
                <br><span>...</span>
            </li>
            <li>
                <a href="" target="_blank">...</a>
                <span class="time">...</span>
            </li>
            ...
        </ul>
    </section>
    <section class="aside">
        <div class="top">
            <div class="left"><img/><br><span>...</span></div>
            <div class="right"><img/></div>
        </div>
        <ul>
            <li>
                <a href="" target="_blank">...</a>
```

```
                <span class="time">...</span>
            </li>
                ...
        </ul>
    </section>
</section>
```

① 根据图 13-9，将上述 HTML 结构代码中的内容补充完整。

② 在 index.css 文件中设置第二块主体内容高为 300px。

③ 在 index.css 中设置标题盒子的高度和行高都为 50px。设置三级标题向左浮动，外边距为 0，前景颜色为#900。标题盒子中的超链接向右浮动，右外边距为 10px，链接文本前景颜色为#666。

④ 在 index.css 中设置华软快讯和学科竞赛两块区域的背景颜色都为#eee，上边框为 3px 的 #900 颜色的实线。

⑤ 在 index.css 文件中设置华软快讯区域中各个元素的样式：li 元素的内边距为 10px。第一个无序列表即 strong 列表项的下外边距为 20px，下边框为 1px 的#ccc 颜色的点线。strong 列表项中的 span 元素类型为 block，行高和高度都为 24px，字号为 12px，外边距为 10px，前景颜色为 #666。修饰时间的 span 向右浮动，前景颜色为#666。

⑥ 在 index.css 文件中设置学科竞赛盒子向右浮动，宽度为 420px，高度为 290px。放置图片的盒子的高度为 110px，宽度为 419px，下边框为 1px 的#ccc 颜色的实线，上边框为 1px 的#900 颜色的实线。用于放置左边图片的盒子向左浮动，高度为 100px，宽度为 70px，上、下内边距为 0，左、右内边距为 15px。左边图片的高度和宽度分别为 60px 和 40px，修饰左边图片的下面文字的 span 元素类型改为 block，上外边距为 10px。用于放置右边图片的盒子向右浮动，高度为 110px，宽度为 310px。右边图片的宽度和高度分别为 307px 和 109px，并且向右浮动。创建超链接的 ul 盒子的上外边距为 20px，li 盒子的上、下内边距为 10px，左内边距为 10px，右内边距为 20px。

（9）首页第三块主体内容的制作如图 13-10 所示。

图 13-10　第三块主体内容

从图 13-10 中可知，该区域可划分为"媒体华软"和"讲座预告"左、右两块内容。左边的媒体华软又可划分为标题区域和使用无序列表创建的媒体新闻报道链接，其中标题区域中包括一个三级标题和"更多"文本超链接。右边的讲座预告又可划分为上面的图片和下面使用无序列表创建的文本超链接。对应的 HTML 结构代码如下：

```
<section class="thr">
    <section class="news">
        <div class="title">
            <h3>...</h3><a href="" target="_blank">...</a>
```

```
                </div>
                <ul>
                    <li class="strong">
                        <a href="" target="_blank">...</a>
                        <br><span>...</span>
                    </li>
                    <li>
                        <a href="" target="_blank">...</a>
                        <span class="time">...</span>
                    </li>
                    ...
                </ul>
            </section>
            <section class="aside">
                <div class="top">
                    <div class="left"><img/><br><span>...</span></div>
                    <div class="right"><img/></div>
                </div>
                <ul>
                    <li>
                        <a href="" target="_blank">...</a>
                        <span class="time">...</span>
                    </li>
                    ...
                </ul>
            </section>
        </section>
```

① 根据图 13-10，将上述 HTML 结构代码中的内容补充完整。

② 比较图 13-9 和图 13-10 可知，第二块主体内容和第三块主体内容对应部分的样式完全相同，为此，我们可以重用第二块主体内容设置的样式。重用样式的方式有两种，一种是通过给相应的元素设置相同的类名，另一种是如果无法使用相同的类名，则可以使用并集选择器来设置。

③ 比较上面列出的第二、三块主体内容的 HTML 结构代码可知，这两部分代码中有很多元素使用了相同的类名，因为这两块主体内容对应结构的样式完全相同，所以在第二块主体内容中已使用类选择器设置了样式，第三块主体内容只需要重用这些类选择器样式。

④ 对于第二、三块主体内容最外层盒子的类名分别为 snd 和 thr，此时可以修改前面编写好的.snd 类选择器，然后将选择器名称.snd 改为并集选择器名称：.snd 和.thr。

（10）首页页脚的制作：要求制作图 13-11 所示的页脚。

地址：广东省广州市从化区经济开发区高技术产业园广从南路84B号 | 电话：020 - 87818918 传真：87818020 邮编：510990 | 网站公安备案编号：4401840100050 粤ICP备：05085382号

图 13-11　页脚

从图 13-11 中可知，页面页脚主要是一些单位联系信息和网络备案号等内容，为了能查看粤 ICP 备案号，将相应的文本设置为超链接。对应的 HTML 结构代码如下：

```
<footer>
    <p>...<a href="" target="_blank">...</a></p>
</footer>
```

① 根据图 13-11，将上述 HTML 结构代码中的内容补充完整。

② 在 index.css 中设置 footer 盒子 4 个方向的内边距为 10px，背景颜色为#5280A9。网络备案超链接访问前后的前景颜色为#ccf，鼠标悬停时超链接的前景颜色为红色。

# 13.8　实验总结

本实验按照企业级网站的创建流程，对网站进行了网站策划、网站素材资料收集和文件规划、网页规划、网站目录设计、网页制作等工作。本实验以网站首页的制作为例，重点介绍了网页制作中涉及的页面版式布局、HTML5、CSS 和 JavaScript 的相关知识点以及这些技术的整合应用。

# 参考代码

## 实训 1　参考代码

```html
<html>
<head>
<meta charset="utf-8">
<title>使用列表和 CSS 实现图文横排</title>
<style>
body {
   font-size: 12px;
   font-family: "微软雅黑";
   text-align: center;
}
img{
    width: 192px;
    height: 120px;
}
#pic {
    width: 680px;
    margin: 0 auto;/* 实现 div 内容在浏览器窗口中水平居中 */
}
#pic ul {
   padding: 20px 0 10px;/*ul 的左内边距默认为 40px*/
   margin: 0;/*ul 默认的上、下边距为 12px*/
   background: #eee;
   list-style: none;/* 取消列表项前面的标记符号 */
}
#pic ul li {
   margin: 5px 10px;
   display: inline-block;/* 将块级元素的 li 修改为行内块元素 */
}
</style>
</head>
<body>
  <div>
    <div id="pic">
```

```
    <ul>
      <li><img src="images/sanya.jpg"/><br/>三亚</li>
      <li><img src="images/jiuzhaigou.jpg"/><br/>九寨沟</li>
      <li><img src="images/tianhu.jpg"/><br/>天湖</li>
      <li><img src="images/zhangjiajie.jpg"/><br/>张家界</li>
      <li><img src="images/hulunbeier.jpg"/><br/>呼伦贝尔大草原</li>
      <li><img src="images/aersan.jpg"/><br/>阿尔山</li>
      <li><img src="images/bailisan.jpg"/><br/>百里山</li>
      <li><img src="images/gelinhaoqi.jpg"/><br/>格林好奇</li>
      <li><img src="images/qinghaihu.jpg"/><br/>青海湖</li>
    </ul>
  </div>
  </div>
</body>
</html>
```

# 实训 2  参考代码

### 1. 纵向菜单

* HTML 代码。

```
<!doctype html>
<html>
<head>
<meta charset="utf-8">
<title> 使用列表、超链接和 CSS 创建纵向菜单 </title>
<link rel="stylesheet" type="text/css" href="css/vertical.css"/>
</head>
<body>
  <div id="menu">
  <ul>
    <li><a href="#">菜单项 1</a></li>
    <li><a href="#">菜单项 2</a></li>
    <li><a href="#">菜单项 3</a></li>
    <li><a href="#">菜单项 4</a></li>
    <li><a href="#">菜单项 5</a></li>
    <li class="last"><a href="#">菜单项 6</a></li>
  </ul>
  </div>
</body>
</html>
```

* vertical.css 代码。

```
body {
    font-size: 13px;
    font-family: "微软雅黑";
```

```
    text-align: center;
}
#menu{
    width: 120px;
}
#menu ul {
    margin: 0; /*ul 上、下外边距默认为 12px，重置 ul 的默认外边距样式 */
    padding: 0 10px;/*ul 的左内边距默认为 40px，重置 ul 的默认内边距样式 */
    list-style: none;/* 取消列表项的项目符号 */
    background: #eee;
}
#menu ul li {
    padding: 12px 0;/* 设置列表项与边框的上、下内边距为 12px，左、右内边距为 0*/
    border-bottom: 1px dotted #ccc;/* 设置列表项的下边框 */
}
#menu ul li.last {
    border-bottom: 0; /* 取消最后一个列表项的下边框 */
}
a:link { /* 使用伪类设置未访问状态样式 */
    color: #000;
    text-decoration: none;
}
a:visited{/*必须放在 hover 前面设置*/
    color: #000;
}
a:hover { /* 使用伪类设置鼠标悬停状态样式 */
    color: #f00; .
}
```

## 2. 横向菜单

- HTML 代码。

```
<!doctype html>
<html>
<head>
<meta charset="utf-8">
<title>使用列表、超链接和 CSS 创建横向菜单 </title>
<link rel="stylesheet" type="text/css" href="css/horizontical.css"/>
</head>
<body>
 <div id="menu">
   <ul>
    <li><a href="#">菜单项 1</a></li><li><a href="#">菜单项 2</a></li><li><a href="#">
菜单项 3</a></li><li><a href="#">菜单项 4</a></li><li><a href="#">菜单项 5</a></li><li
class="last"><a href="#">菜单项 6</a></li>
   </ul>
 </div>
</body>
</html>
```

- horizontical.css 代码。

```
body {
    font-size: 13px;
    font-family: "微软雅黑";
    text-align: center;
}
#menu {
    width: 500px;
    margin: 10px auto;
}
#menu ul {
    padding: 0;/* 重置 ul 的内边距为 0*/
    margin: 0;/* 重置 ul 的外边距为 0*/
    background: #eee;
    list-style: none;/* 取消列表项前面的前导符号 */
    height:36px;
    line-height:36px;/*必须设置行高，这样才能垂直居中*/
}
#menu ul li {
    display: inline;/* 将块级元素的 li 修改为行内元素*/
    padding: 0 12px;
    border-right: 1px dashed #ccc;
}
#menu ul li.last {
    border-right: 0;/* 取消菜单中最右边的边框线 */
}
a:link {/* 使用伪类设置未访问状态样式 */
    color: #000;
    text-decoration: none;
}
a:visited{/*使用伪类设置访问过后状态样式，必须放在 hover 前面设置*/
    color: #000;
}
a:hover {/* 使用伪类设置鼠标悬停状态样式 */
    color: #f00;
}
```

# 实训 3　参考代码

## 1. HTML 代码

```
<!Doctype html>
<html lang="zh">
<head>
<meta charset="UTF-8">
<title>天气预报</title>
<link rel="stylesheet" type="text/css" href="css/table.css"/>
```

```
    </head>
    <body>
        <table>
        <caption><h2>天气预报</h2></caption>
            <tr class="no_border">
                <td colspan="5" id="title_td"><h3>08 月 08 日 周三 农历六月廿七</h3></td>
            </tr>
            <tr class="no_border">
                <td rowspan="3" class="active_img"><img src="images/ic_cloudy.png"/></td>
                <td></td>
                <td></td>
                <td></td>
                <td></td>
            </tr>
            <tr>
                <td>周四</td>
                <td>周五</td>
                <td>周六</td>
                <td>周日</td>
            </tr>
            <tr>
                <td>08 月 09 日</td>
                <td>08 月 10 日</td>
                <td>08 月 11 日</td>
                <td>08 月 12 日</td>
            </tr>
            <tr id="weather">
                <td class="active_tem no_border">26℃</td>
                <td><img src="images/ic_rainstorm.png"/></td>
                <td><img src="images/ic_thunderstorm.png"/></td>
                <td><img src="images/ic_light_rain.png"/></td>
                <td><img src="images/ic_sunny.png"/></td>
            </tr>
            <tr>
                <td class="no_border">19～28℃</td>
                <td>19～28℃</td>
                <td>19～28℃</td>
                <td>19～28℃</td>
                <td>19～28℃</td>
            </tr>
            <tr>
                <td class="no_border">阴天</td>
                <td>中雨</td>
                <td>雷阵雨</td>
                <td>小雨</td>
                <td>多云转晴</td>
            </tr>
```

```
        <tr>
          <td class="no_border">无持续风向微风</td>
            <td>北风 3-4 级</td>
            <td>北风 3-4 级</td>
            <td>北风 3-4 级</td>
            <td>微风</td>
        </tr>
        <tr>
          <td class="no_border"><p class="active">良<p></td>
            <td><p>良</p></td>
            <td><p>良</p></td>
            <td><p>良</p></td>
            <td><p>优</p></td>
        </tr>
      </table>
  </body>
</html>
```

## 2. table.css 代码

```css
table{/*设置表格样式*/
    width: 800px;
    border-spacing:0;
    background-color: #369;
    padding-bottom:20px;
    margin:0 auto;
}
td{/*设置单元格样式*/
    color: #fff;
    font-size:12pt;
    padding:10px;
    text-align: center;
    border-left:1px solid #fff;
}
.no_border td,td.no_border{/*取消第 1、2 行单元格及 5~8 行的第一个单元格的左边框线*/
    border-left:0;
}
#title_td {/*设置当天日历样式*/
    text-align: left;
    padding-left: 20px;
    font-size: 16px;
}
.active_img img{/*设置当天云图的大小*/
    width: 100px;
    height: 100px;
}
.active_tem{/*当天气温的字号及粗细*/
    font-size:30px;
    font-weight:bold;
```

```
}
#weather{/*当天气温所在行*/
    height:130px;
}
#weather img{/*设置后续几天云图的大小*/
    width: 60px;
    height: 60px;
}

p{/*设置空气质量样式*/
    width: 60px;
    margin:12px auto;
    border-radius:7px;
    background-color: #6C6;
}
.active{/*设置当天空气质量所在盒子的背景颜色*/
    background-color: #393;
}
```

# 实训 4  参考代码

## 1. 对联广告

● HTML 代码。

```
<!doctype html>
<html>
<head>
<meta charset="utf-8">
<title>使用 JavaScript 和定位排版创建对联广告</title>
<link href="css/ad1.css" type="text/css" rel="stylesheet"/>
<script>
  function closeWindow(idname){
    var win=document.getElementById(idname);
    win.style.display="none";
  }
</script>
</head>
<body>
    <div id="content">网页内容</div>
    <div id="ad1">
      广告内容
      <a href="javascript:closeWindow('ad1')"><span>关闭广告 ×</span></a>
    </div>
    <div id="ad2">
      广告内容
      <a href="javascript:closeWindow('ad2')"><span>关闭广告 ×</span></a>
```

```
        </div>
    </body>
</html>
```

- ad1.css 代码。

```
body{
    font-family:"微软雅黑";
}
#content{/*设置页面内容盒子样式*/
    width:600px;
    height:760px;
    background:#CFF;
    padding:10px;
    margin:0 auto;/*设置页面内容水平居中*/
}
#ad1,#ad2{/*设置左、右两端广告为固定定位排版，广告距离浏览器上边框为 60px*/
    position:fixed;
    top:60px;
    width:120px;
    height:170px;
    padding:10px;
    background:#9CF;
}
/*以下两行样式代码设置左、右两端广告分别距离浏览器左、右边框为 0px*/
#ad1{
    left:0;
}
#ad2{
    right:0;
}
span{/*设置关闭按钮盒子样式*/
    position:absolute;
    bottom:0;
    right:0;
    font-size:10px;
    background-color:#999;
}
a{
    color:#fff;
    text-decoration:none;
}
```

## 2. 页角广告

- HTML 代码。

```
<!doctype html>
<html>
<head>
<meta charset="utf-8">
<title>使用 JavaScript 和定位排版创建页角广告</title>
<link href="css/ad2.css" type="text/css" rel="stylesheet"/>
```

```
<script>
  function closeWindow(idname){
    var win=document.getElementById(idname);
    win.style.display="none";
  }
</script>
</head>
<body>
  <div id="content">网页内容</div>
  <div id="ad">
    广告内容
    <a href="javascript:closeWindow('ad')"><span>关闭广告 ×</span></a>
  </div>
</body>
</html>
```

- ad2.css 代码。

```
body{
    font-family:"微软雅黑";
}
#content{/*设置页面内容盒子样式*/
    width:600px;
    height:760px;
    background:#CFF;
    padding:10px;
    margin:0 auto;/*设置页面内容水平居中*/
}
#ad{/*设置广告div为固定定位排版，并且广告div相对浏览器右下角的偏移量为0*/
    position:fixed;
    bottom:0;
    right:0;
    width:120px;
    height:170px;
    padding:10px;
    background:#9CF;
}

span{/*设置关闭按钮盒子样式*/
    position:absolute;
    top:0;
    right:0;
    font-size:10px;
    background-color:#999;
}

a{
    color:#fff;
    text-decoration:none;
}
```

# 实训 5　参考代码

**1. 使用左右两栏+页眉+页脚版式布局网页**

- HTML 代码。

```
<!doctype html>
<html>
<head>
<meta charset="utf-8">
<title>使用左右两栏+页眉+页脚版式布局网页</title>
<link rel="stylesheet" type="text/css" href="css/twoColumn.css"/>
<script>
function getTime(){
    var oSpan = document.getElementById("date");
    var now = new Date();
    var week = ['星期日','星期一','星期二','星期三','星期四','星期五','星期六']
    var str = "现在时间是" + now.getFullYear() + "年" + (now.getMonth()+1) + "月" +
now.getDate() + "日 " + week[now.getDay()];
    oSpan.innerHTML = str;
}
</script>
</head>

<body>
  <div class="container">
    <header>
    <div class="head"><!--页眉包括 Logo、系统时间和 banner-->
        <div class="Logo"><p>在此处插入 Logo</p></div>
        <span id="date"><script>getTime();</script></span>
    </div>
        <div class="banner"><p>这里放广告 banner</p></div>
    </header>
    <section class="main"><!--主体包括左侧边栏和主体内容-->
    <aside>
        <nav>
            <a href="#">链接一</a>
            <a href="#">链接二</a>
            <a href="#">链接三</a>
            <a href="#">.</a>
            <a href="#">.</a>
            <a href="#">.</a>
            <a href="#">链接 n</a>
        </nav>
    </aside>
    <section class="content">
        <p>这里是网页主体内容</p>
```

```
        </section>
      </section>
      <footer>
      <p>这里是页脚，可包含导航条、备案、版权以及联系方式等信息</p>
      </footer>
    </div>
</body>
</html>
```

- twoColumn.css 代码。

```
body{
    font-family: "微软雅黑";
    font-size: 14px;
    text-align: center;
}
.container{
    width: 900px;
    margin: 0 auto;
}
.head{
    height: 60px;
    line-height: 60px;
    background: #000;
}
.Logo{
    float: left;
    background: #F9F;
}
span{
    float: right;
    color:#fff;
    padding-right: 20px;
}
.banner{
    height: 100px;
    line-height: 100px;
    background: #9cf;
}
p{
    margin: 0;!--p存在默认16px的上、下外边距--
}
aside{
    width: 200px;
    height: 450px;
    float: left;
    background: #eee;
}
nav{
    margin: 30px;!--设置超链接和侧边栏的外边距--
}
aside a{
```

```
        margin: 10px;!--设置各个超链接之间的外边距(a 类型改为块级元素后可设置上、下外边距)--
        display: block;
}
a:link, a:visited{
        color: #000;
        text-decoration: none;
}
.content{
        float: right;
        width: 700px;
        line-height: 450px;
        background: #9FF;
}
footer{
        clear: both;
        height: 80px;
        line-height: 80px;
        background: #999;
}
```

2. 使用左中右三栏+页眉+页脚版式布局网页

- HTML 代码。

```html
<!doctype html>
<html>
<head>
<meta charset="utf-8">
<title>使用左中右三栏+页眉+页脚版式布局网页</title>
<link rel="stylesheet" type="text/css" href="css/threeColumn.css"/>
</head>

<body>
  <div class="container">
    <header>
    <div class="head"></*页眉包括 Logo 和导航条*/>
        <div class="Logo"><p>在此处插入 Logo</p></div>
      </div>
      <div class="menu">
        <nav>
            <a href="#">链接一</a>
            <a href="#">链接二</a>
            <a href="#">链接三</a>
            <a href="#">.</a>
            <a href="#">.</a>
            <a href="#">.</a>
            <a href="#">链接 n</a>
        </nav>
      </div>
    </header>
    <section class="main"></*主体包括左侧边栏和主体内容*/>
    <aside class="left">
```

```
        <p>这是左侧边栏，可放置导航条、随笔、友情链接、广告、博客等内容。</p>
      </aside>
       <aside class="right">
        <p>这是右侧边栏，可放置导航条、随笔、友情链接、广告、博客、排行榜等内容。</p>
      </aside>
      <section class="content">
          <p>这里是网页主体内容</p>
      </section>
    </section>
    <footer>
    <p>这里是页脚，可包含导航条、备案、版权以及联系方式等信息</p>
    </footer>
  </div>
</body>
</html>
```

- threeColumn.css 代码。

```
body{
    font-family: "微软雅黑";
    font-size: 14px;
    text-align: center;
}
.container{
    width: 900px;
    margin: 0 auto;
}
.head{
    height: 60px;
    line-height: 60px;
    background: #000;
}
.Logo{
    float: left;
    background: #F9F;
}
.menu{
    height: 30px;
    line-height: 30px;
    background: #9cf;
}
header a{
    margin: 10px;
}
a:link, a:visited{
    color: #000;
    text-decoration: none;
}
p{
    margin: 0;!--p 存在默认 16px 的上、下外边距--
}
aside p{
```

```
        line-height:26px;
        text-align:left;
        margin: 60px 20px 30px;
}
aside{
        background: #eee;
}
aside.left{
        float: left;
        width: 200px;
        height: 450px;
}
aside.right{
        float: right;
        width: 200px;
        height: 450px;
}
.content{
        margin: 0 200px;!--设置左、右外边距以腾出左、右两端的侧边栏空间--
        height: 450px;
        line-height: 450px;
        background: #9FF;
}
footer{
        height: 80px;
        line-height: 80px;
        background: #999;
}
```

# 实训 6　参考代码

## 1.　HTML 及 JavaScript 代码

```
<!doctype html>
<html>
<head>
<meta charset="utf-8">
<title>使用 JavaScript+CSS 创建二级菜单</title>
<link rel="stylesheet" type="text/css" href="css/menu.css"/>
</head>
<body>
  <header>
   <nav id="nav">
    <ul>
      <li><a href="#">首页</a></li>
      <li>
        <a href="#">跟团游</a>
        <nav class="subNav">
         <a href="#">出境跟团</a>
```

```
    <a href="#">国内跟团</a>
    <a href="#">周边跟团</a>
    <a href="#">牛人专线</a>
  </nav>
</li>
<li>
    <a href="#">自由行</a>
    <nav class="subNav">
      <a href="#">国内自由行</a>
      <a href="#">出境自由行</a>
      <a href="#">机票+酒店</a>
        <a href="#">火车票+酒店</a>
  </nav>
</li>
<li>
    <a href="#">邮轮游</a>
    <nav class="subNav">
      <a href="#">包船专享</a>
      <a href="#">日本航线</a>
      <a href="#">东南亚航线</a>
      <a href="#">地中海航线</a>
      <a href="#">三峡航线</a>
      <a href="#">南极航线</a>
    </nav>
</li>
<li>
    <a href="#">主题游</a>
    <nav class="subNav">
      <a href="#">牛人专线</a>
      <a href="#"> 亲子游</a>
      <a href="#"> 海岛游</a>
      <a href="#"> 蜜月游</a>
      <a href="#"> 爸妈游</a>
    </nav>
</li>
<li>
    <a href="#">定制游</a>
    <nav class="subNav">
      <a href="#">公司定制</a>
      <a href="#">家庭定制</a>
      <a href="#">会议奖励旅游</a>
      <a href="#">朋派定制游</a>
    </nav>
</li>
<li>
```

```
          <a href="#">出游服务</a>
          <nav class="subNav">
            <a href="#">签证</a>
            <a href="#">当地玩乐</a>
            <a href="#">全球 Wi-Fi</a>
            <a href="#">租车用车</a>
            <a href="#">婚纱旅拍</a>
          </nav>
        </li>
        <li>
          <a href="#">机票</a>
          <nav class="subNav">
            <a href="#">国内机票</a>
            <a href="#">国际机票</a>
            <a href="#">航班时刻</a>
            <a href="#">环球特价</a>
          </nav>
        </li>
        <li>
          <a href="#">攻略</a>
          <nav class="subNav">
            <a href="#">游记</a>
            <a href="#">达人玩法</a>
            <a href="#">视频</a>
            <a href="#">风向标</a>
            <a href="#">问答</a>
          </nav>
        </li>
      </ul>
    </nav>
  </header>
  <script language="javascript">
    var aLi=document.getElementsByTagName("li");
    for(i=0;i<aLi.length;i++){
      aLi[i].onmouseover=function(){
        this.style.fontWeight="bold";
        this.style.overflow="visible";
        this.style.background="#666";


      };
      aLi[i].onmouseout=function(){
        this.style.fontWeight="normal";
        this.style.background="#999"
        this.style.overflow="hidden";
      };
    }
  </script>
</body>
```

```
</html>
```

## 2. menu.css 代码

```css
body{
    margin:0;
    text-align:center;
    font-family:"微软雅黑";
    font-size:14px;
}
header{
    background:#999;
    padding:10px 0;
}
#nav{
    width:900px;
    height:30px;
    margin:0 auto;
}
#nav ul{
    padding:0;!--ul 默认存在 40px 的左内边距--
    margin:0;!--ul 默认存在 14px 的上、下外边距--
    list-style-type:none;
}
#nav ul li{
    position:relative;
    float:left;!--浮动使 li 具有行内块级元素的绝大部分特点，使同一行中可以显示多个 li 元素--
    height:30px;
    line-height:30px;
    overflow:hidden;
}

#nav ul li a{
    color:#fff;
    text-decoration:none;
    float:left;!--使 a 具有行内块级元素的一些特点，从而可以设置宽度--
    width:100px;
}

.subNav{
    position:absolute;
    width:200px;
    top:30px;
    right:0;
    padding:5px;
    background:#666;
}
#nav ul li .subNav a{
    font-weight:normal;/*这里通过最近优先原则重置了 JavaScript 设置的 li 的内联 CSS 代码 */
}
#nav ul li .subNav a:hover{
    color:#f00;
```

```
        background:#999;
    }
```

# 实训 7　参考代码

## 1.　HTML 代码

```
<!doctype html>
<html>
<head>
<meta charset="utf-8">
<title>使用 CSS 和 JavaScript 实现选项卡切换</title>
<link href="css/tab.css" type="text/css" rel="stylesheet"/>
<script src="js/tab.js" type="text/javascript"></script>
</head>
<body>
  <div class="box">
    <ul>
        <li class="act">选项卡 1</li><!--默认单击的选项卡-->
        <li>选项卡 2</li>
        <li>选项卡 3</li>
    </ul>
    <div>选项卡 1 内容</div><!--默认单击的选项卡内容 div-->
    <div class="hide">选项卡 2 内容</div>
    <div class="hide">选项卡 3 内容</div>
  </div>
</body>
</html>
```

## 2.　tab.css 代码

```
body{
    font:12px/18px "微软雅黑";/*字号大小为 12px，行间距为 18px*/
}
.box{
    width:350px;
    margin:20px auto;!--使盒子在窗口中水平居中*/
}
ul{
    margin:0;
    padding:0;
    height:25px;
    border-bottom:1px solid #ccc;
    border-left:1px solid #ccc;
    list-style:none;!--不显示列表项的前导符--
}
li{
    float:left; !--浮动排版--
    width:90px;
```

```
        height:25px;
        line-height:25px;  /*使选项卡上的文本垂直居中*/
        text-align:center;
        border-top:1px solid #ccc;
        border-right:1px solid #ccc;
        background:#f5f5f5;
        cursor:pointer;  !--使鼠标移到选项卡上时指针变成手指形状--
    }
    .hide{
        display:none;!--隐藏内容块--
    }
    .act{!--当前选项卡--
        background:#FC9;
    }
    .box div{
        padding:20px;
        height:160px;
        border:1px solid #ccc;
        border-top:none;
    }
```

## 3. tab.js 代码

```
window.onload = function(){
    var aTab = document.getElementsByTagName("li");!--获取所有选项卡--
    var content = document.getElementsByClassName('box')[0];!--获取最外层的div--
    var aDiv = content.getElementsByTagName("div");!--使用父div获取所有选项卡内容div--
    var len = aTab.length;!--获取选项卡个数--
    for(var i=0; i<len; i++){ !--循环遍历选项卡，并处理每个选项卡的onmouseover事件--
      aTab[i].index = i;!--index是自定义属性--
      aTab[i].onmouseover = function(){!--选项卡的鼠标移入事件处理--
          for(i=0; i<len; i++){
              aTab[i].className = '';  !--恢复选项卡的初始状态--
              aDiv[i].className = 'hide';!--隐藏所有内容div--
          }
          aTab[this.index].className = 'act';!--将当前选项卡设置为选中选项卡--
          aDiv[this.index].className = '';!--取消当前选项卡对应内容div的隐藏--
      };
    }
};
```

# 实训 8　参考代码

## 1. HTML 代码

```
<!doctype html>
<html>
<head>
```

```
<meta charset="utf-8">
<title>使用定时器实现图片轮播</title>
<link rel="stylesheet" type="text/css" href="css/player.css"/>
<script src="js/player.js" type="text/javascript"></script>
</head>
<body>
  <div id="pic">
    <img src=""/>
    <ul>
    <li></li>
      <li></li>
        <li></li>
        <li></li>
    </ul>
  </div>
</body>
</html>
```

## 2. player.css 代码

```
body{
    text-align:center;
    background:#000;
}

img{
    width:300px;
    height:206px;
}
ul{
    margin:0;
    padding:0;
    margin-top:10px;!--使圆点和图片之间存在一定的距离--
}
li{
    width:9px;
    height:9px;
    cursor: pointer;
    border-radius:7px;
    margin-left:10px;
    display:inline-block;!--修改元素类型后，列表项前导符自动取消了--
    background:#FFF;
}
.active {
    background: #F00;
}
```

## 3. player.js 代码

```
window.onload = function(){
    var oDiv = document.getElementById('pic');
    var oImg = oDiv.getElementsByTagName('img')[0];
    var oUl = oDiv.getElementsByTagName('ul')[0];
    var arrUrl =
```

```
                    ['images/p1.jpg','images/p2.jpg','images/p3.jpg','images/p4.jpg'];
        var aLi = oUl.getElementsByTagName('li');
        var num = 0;
        var timer = null;!--用于存储定时器返回的 ID--

        function fnTab(){
            oImg.src = arrUrl[num];!--初始状态下，第一个 li 元素为当前 li 元素--
            for(var i = 0; i < aLi.length; i++){
                aLi[i].className = '';!--首先全部取消活动状态--
            }
            !--然后设置当前 li 为活动状态--
            aLi[num].className = 'active';
        }

        fnTab();!--调用函数实现初始化设置--

        for(var j = 0; j < aLi.length; j++){
            aLi[j].index = j;!--为每个列表项自定义索引属性，属性值和数组下标一一对应--
            aLi[j].onclick = function(){
                num = this.index;!--将当前 li 的索引属性值赋给 num 变量--
                fnTab();
            };
        }

        function autoPlay(){!--使用定时器实现每隔 2 秒自动切换图片--
            timer = setInterval(function(){
                num++;
                num %= arrUrl.length;
                fnTab();
            },2000);
        }

        autoPlay();!--调用 autoPlay()函数实现自动切换图片和圆点及其背景--

        oImg.onmouseover = function(){!--鼠标移到图片上停止图片切换--
            clearInterval(timer);
        };
        oImg.onmouseout = autoPlay;!--鼠标移开图片后继续自动切换图片--
    };
```

# 实训 9　参考代码

## 1. HTML 及 CSS 代码

```
<!doctype html>
<html>
<head>
```

```html
<meta charset="utf-8">
<title>使用正则表达式校验表单数据的有效性</title>
<style>
table{
    width:360px;
    border-collapse:collapse;!--表格边框和单元格边框合并为一个单一的边框--
    border:1px solid #000;
}

td{
    font:14px/18px "微软雅黑";
    padding:4px 8px;
    border:1px solid #000;
}

</style>
<script type="text/javascript" src="js/validation.js"></script>
</head>
<body>
  <form action="welcome.html">
    <table id="tbl">
    <tr><td>用户名</td><td><input type="text" name="username"
      id="username"/></td></tr>
    <tr><td>密 码</td><td><input type="password" name="psw" id="psw"/></td></tr>
    <tr><td>身份证号</td><td><input type="text" name="IDC" id="idc"/></td></tr>
    <tr><td>E-mail</td><td><input type="text" name="email" id="email"/></td></tr>
    <tr><td>家庭电话</td><td><input type="text" name="tel" id="tel"/></td></tr>
    <tr><td>手 机</td><td><input type="text" name="mobil" id="mobil"/></td></tr>
    <tr><td>通信地址</td><td><input type="text" name="address"
        id="address"/></td></tr>
    <tr><td>邮 编</td><td><input type="text" name="zip" id="zip"/></td></tr>
    <tr><td colspan="2"><input type="submit" value="提交" id='btn'></td></tr>
    </table>
  </form>
</body>
</html>
```

### 2. validation.js 代码

```javascript
// JavaScript Document
window.onload = function(){
    var oBtn = document.getElementById('btn');
    oBtn.onclick = function(){
        var flag = true;
        var username = document.getElementById("username");
        var password = document.getElementById("psw");;
        var idc = document.getElementById("idc");
        var email = document.getElementById("email");
        var tel = document.getElementById("tel");
        var mobil = document.getElementById("mobil");
        var address = document.getElementById("address");
```

```
var zip = document.getElementById("zip");
var url = document.getElementById("url");
!--用户名第一个字符为字母，其他字符可以是字母、数字、下画线等，并且长度为3~10个字符--
var pname = /^[a-zA-Z]\w{2,9}$/;
var ppsw = /\S{6,15}/;   /*密码可以是任何非空白字符，长度为6~15个字符--
!--身份证号为15位或18位数字，或17位数字后面跟一个x或X--
var pidc = /^\d{15}$|^\d{17}[\d|x|X]$/;
 !--E-mail包含@，并且其左、右两边包含任意多个单词字符，后面则包含至少一个包括.和2~3个
    单词字符的子串--
var pemail = /^\w+([\.-]?\w+)*@\w+([\.-]?\w+)*(\.\w{2,3})+$/;
 !--格式为：×××/××××-×××××××/××××××××，其中"×"表示一个数字--
 var ptel = /^\d{3,4}-\d{7,8}$/;
!--手机为11位数字，并且第一位数字只能为1，第二位数字只能为3、4、5、7或8--
var pmobil = /^1[3|4|5|7|8]\d{9}$/;
var paddress = /\S{6,30}/; //地址可以是任意非空白字符，长度为6~30个字符
!--邮编为6位数字，其中第1位为1~9中的某个数字，后5位为0~9中的5个数字--
var pzip = /^[1-9][0-9]\d{4}$/;
if(!pname.test(username.value)){
    flag = false;
    alert("用户名第一个字符为字母，长度为3~10个字符");
}
if(!ppsw.test(password.value)){
    flag = false;
    alert("密码长度为6~15个非空白字符");
}
if(!pidc.test(idc.value)){
    flag = false;
    alert("身份证号为15位或18位，请输入正确的身份证号");
}
if(!pemail.test(email.value)){
    flag = false;
    alert("E-mail包含@以及至少一个包括.和2~3个单词字符的子串");
}
if(!ptel.test(tel.value)){
    flag = false;
    alert("家庭电话的格式为×××/××××-×××××××/××××××××");
}
if(!pmobil.test(mobil.value)){
    flag = false;
    alert("手机手机为11位数字,并且第一位数字只能为1,第二位数字只能为3、4、5、7或8");
}
if(!paddress.test(address.value)){
    flag = false;
    alert("地址长度为6~30个字符");
}
if(!pzip.test(zip.value)){
    flag = false;
```

```
                alert("邮编为 6 位数字,其中第 1 位为 1~9 中的某个数字,后 5 位为 0~9 中的 5 个数字");
        }
        /*当 flag 的值为 false 时，取消提交按钮的默认提交行为*/
        if(!flag){
            return false;
        }
    };
};
```

# 实训 10　参考代码

## 1. HTML 代码

```
<!doctype html>
<html>
<head>
<meta charset="utf-8">
<title>使用 JavaScript+CSS 创建折叠菜单</title>
<link href="css/menu.css" type="text/css" rel="stylesheet"/>
<script src="js/menu.js" type="text/javascript"></script>
</head>
<body>
  <nav>
    <p>用户管理</p>
    <ul>
      <li><a href="#">新增用户</a></li>
      <li><a href="#">用户查询</a></li>
    </ul>
    <p>部门管理</p>
    <ul>
      <li><a href="#">部门添加</a></li>
      <li><a href="#">部门查询</a></li>
      <li><a href="#">部门编辑</a></li>
    </ul>
    <p>学生管理</p>
    <ul>
      <li><a href="#">学生信息添加</a></li>
      <li><a href="#">学生信息查询</a></li>
      <li><a href="#">学生信息编辑</a></li>
    </ul>
    <p>成绩管理</p>
    <ul>
      <li><a href="#">成绩添加</a></li>
      <li><a href="#">成绩查询</a></li>
      <li><a href="#">成绩修改</a></li>
```

```
        </ul>
        <p>教师管理</p>
        <ul>
         <li><a href="#">教师信息添加</a></li>
         <li><a href="#">教师信息查询</a></li>
         <li><a href="#">教师编辑</a></li>
        </ul>
    </nav>
</body>
</html>
```

## 2. menu.css 代码

```css
*{
    margin:0;
    padding:0;
}
body{
    font-family:"微软雅黑";
    font-size:13px;
}
a{
    color:#000;
    text-decoration:none;
}
nav{
    margin-top:20px;
    margin-left:20px;
    width:210px;
}
p{
    color: #fff;
    height: 36px;
    cursor: pointer;
    line-height: 36px;
    background: #2980b9;
    text-indent: 5px; !--padding-left: 5px;--
    border-bottom: 1px solid #ccc;
}
ul{
    display:none;!--默认隐藏所有菜单列表--
    list-style:none;
}
li{
    height:33px;
    line-height:33px;
    text-indent: 5px; !--padding-left: 5px;--
    background:#eee;
    border-bottom: 1px solid #ccc;
}
```

### 3. menu.js 代码

```
window.onload=function(){
  !-- 将所有单击的标题和要对应的列表提取出来--
  var ps = document.getElementsByTagName("p");
  var uls = document.getElementsByTagName("ul");
  !-- 遍历所有要单击的菜单并给它们定义索引属性及绑定单击事件--
  for(var i = 0; i < ps.length; i += 1){
    ps[i].id = i;!--定义索引属性--
    ps[i].onclick = function(){
      !--判断当前的菜单列表是否显示,如果是隐藏的,则首先隐藏所有菜单列表,然后显示当前菜单列表--
      this.style.background = "#933";
      if(uls[this.id].style.display!="block"){
        !--隐藏所有菜单列表--
          for(var j = 0; j < n ; j += 1){
          uls[j].style.display = "none";
          }
        uls[this.id].style.display = "block";!--显示当前菜单对应的子菜单--
      }else{!--如果当前菜单列表是显示的,则单击当前菜单标题后隐藏当前菜单列表--
        this.style.background = "#2980b9";
        uls[this.id].style.display = "none";
      }
    };
  }
};
```

# 实训 11　参考代码

### 1. HTML 代码

```
<!doctype html>
<html>
<head>
<meta charset="utf-8">
<title>使用 JavaScript+CSS 实现百度评分</title>
<link rel="stylesheet" type="text/css" href="css/evaluation.css" />
</head>
<body>
  <div class="wrap">
    <div class="tip">为我们评价一下吧</div>
    <div class="overall">
      <div class="left">总体评价:</div>
      <div class="stars">
        <span></span>
        <span></span>
        <span></span>
        <span></span>
        <span></span>
```

```
        </div>
        <div class="info">请评价</div>
    </div>
    <div class="concret">
        <div class="txtMsg">
            <span class="left">评价内容：</span>
            <span class="right">上限为 255 个字符</span>
        </div>
        <div class="content">
            <textarea></textarea>
        </div>
    </div>
    <div class="button">
        <span class="submit">提交</span><span class="reset">重置</span>
    </div>
</div>
<script src="js/evaluation.js"></script>
</body>
</html>
```

## 2. evaluation.css 代码

```
body{
    font-family:"微软雅黑";
    font-size:16px;
    text-align:center;
}
.wrap{/*--最外层盒子样式--*/
    width:513px;
    margin:60px auto;
}
.tip{/*--信息提示盒子样式--*/
    font-size:26px;
    margin-bottom:20px;
}
.overall{/*--总体评价盒子样式--*/
    position:relative;/*--给星星的父 div 进行相对定位--*/
    height:36px;
    line-height:36px;
    margin-bottom:20px;
}
.stars{/*--容纳五个星星的盒子样式--*/
    width: 200px;
    height: 33px;
    position:absolute;
    top:0;
    left:180px;
}
.stars span{/*--每个星星的样式--*/
    float:left;
    width:32px;
```

```
        height:32px;
        padding:0 3px;
        cursor:pointer;
        background:url(../images/star0.png) no-repeat;
    }
    .info{
        float:right;
    }
    .txtMsg{
        height:36px;
    }
    .left{
        float:left;
    }
    .right{
        float:right;
    }
    textarea{
        width:492px;
        height:200px;
        resize:none;
        padding:10px;
        font-size:16px;
        border:2px solid #996;
        margin-bottom:20px;
    }
    .submit,.reset{
        padding:0 8px;
        border:2px solid #996;
        cursor:pointer;
    }
    /*鼠标移到这些元素上时边框样式发生变化*/
    .submit:hover,.reset:hover{
        border:2px solid #f00;
    }
```

### 3. evaluation.js 代码

```
var tip = document.querySelector('.tip');
var info = document.querySelector('.info');
var stars = document.querySelectorAll('.stars span');
var textarea = document.querySelector('textarea');
var arr = ['差','较差','一般','较好','好'];//总体评价
var len = arr.length;
var loc=-1;!--用于判断是否有星星被单击了（用于获取单击的星星的位置）--
function changeBg(index) {!--根据参数值切换背景图片--
    for (var i = 0; i < len; i++) {
        if (i <= index) {
                stars[i].style.background = 'url(images/star2.png) no-repeat';
        } else {
                stars[i].style.background = 'url(images/star0.png) no-repeat';
        }
```

```
    }
}

for (var i = 0; i < len; i++) {
    !--需要知道单击的或者移入的是第几个星星，所以需要加索引值--
    stars[i].index = i;
    !--鼠标移入事件--
    stars[i].onmouseover = function() {
        changeBg(this.index);
        info.innerHTML = arr[this.index];
    };
    !--鼠标移出事件--
    stars[i].onmouseout = function() {
        changeBg(loc);
        if (loc == -1) {
                info.innerHTML = '请评价';
        } else {
            info.innerHTML = arr[loc];
        }
    };
    !--鼠标单击事件--
    stars[i].onclick = function() {
        loc = this.index;
    };
}
!--判断文本域中输入的字符是否超出了255，如果超出了，则在头部用红色字体提示；否则显示输出了多少字符--
textarea.oninput = function(){
    var len = textarea.value.length;
    if(len<=255){
        tip.innerHTML = "还可增加"+(255-len)+"个字符";
    }else{
        tip.innerHTML = "请删除"+(len-255)+"个字符";
        tip.style.color = 'red';
    }
}
```

# 实训 12　参考代码

## 1. HTML 代码

```
<!DOCTYPE html>
<html lang="en">
<head>
<meta charset="UTF-8">
<title>使用 JavaScript+CSS 实现商品筛选</title>
<link href="css/choose.css" type="text/css" rel="stylesheet"/>
<script src="js/choose.js" type="text/javascript"></script>
</head>
```

```
<body>
  <div id="wrap">
    <div id="choose">
    你选择的是：
    </div>
    <ul>
      <li>
        品牌：
        <a href="javascript:;">Huawei/华为</a>
        <a href="javascript:;">ThinkPad</a>
        <a href="javascript:;"> Lenovo/联想</a>
        <a href="javascript:;"> HP/惠普</a>
        <a href="javascript:;"> Toshiba/东芝</a>
      </li>
      <li>
        尺寸：
        <a href="javascript:;">12-12.5 英寸</a>
        <a href="javascript:;">13-13.9 英寸</a>
        <a href="javascript:;">14-14.1 英寸</a>
        <a href="javascript:;">15-15.6 英寸</a>
        <a href="javascript:;">16 英寸以上</a>
      </li>
      <li>
        内存容量：
        <a href="javascript:;">2GB</a>
        <a href="javascript:;">4GB</a>
        <a href="javascript:;">8GB</a>
        <a href="javascript:;">16GB</a>
        <a href="javascript:;">32GB 以上</a>
      </li>
      <li>
        适用场景：
        <a href="javascript:;">商务办公</a>
        <a href="javascript:;">家庭娱乐</a>
        <a href="javascript:;">学生</a>
        <a href="javascript:;">移动工作站</a>
      </li>
    </ul>
  </div>
</body>
</html>
```

## 2. choose.css 代码

```
body {
    font-size: 14px;
    font-family: Arial;
}
```

```
#wrap {
     width: 630px;
     height: 260px;
     margin: 30px auto;
     border: 1px solid pink;
}
#choose {
     width: 100%;
     height: 50px;
     line-height: 50px;
     text-indent: 21px;!--段首向右缩进21px--
     border-bottom:1px solid pink;
}
ul {
     margin: 0;
     padding: 17px 0 17px 28px;
     list-style: none;
}
li {
     color:#999;
     height: 44px;
     line-height: 44px;!--每个列表项内容垂直居中--
}
ul a {
     margin: 0 12px 0 5px;
     color: #000;
}
a {
     text-decoration: none;
}
#choose div {
     position: relative;
     display: inline-block;
     height: 24px;
     line-height: 24px;
     border: 1px solid #28a5c4;
     color: #28a5c4;
     margin: 12px 5px 0;
     padding: 0 30px 0 6px;
     text-indent: 0;!--重置父元素div的段首缩进--
}
#choose div a {
     position: absolute;
     top: 3px;
     right: 2px;
     display: inline-block;
     width: 18px;
     height: 18px;
     line-height: 18px;
     background: #28a5c4;
     color: #fff;
```

```
        font-size: 16px;
        text-align: center;
    }
```

### 3. choose.js 代码

```
window.onload = function(){
  var ul = document.querySelector('ul');
  var lis = ul.querySelectorAll('li');
  var option = ul.querySelectorAll('a');
  var choose = document.querySelector('#choose');
  var arr = [];
  for(var i = 0; i < lis.length; i++){
      lis[i].index = i;!--为便于和数组 arr 中的元素建立对应关系而定义索引属性--
  }

  for(var i = 0; i < option.length; i++){
      option[i].onclick = function(){
          var pid = this.parentNode.index;!--获取当前对象的父节点(即对应的 li)的索引属性值--
          var mark = document.createElement("div");!--创建 div 元素--
          var a = document.createElement("a");
          var isReplace = false;!--用于标识某个列表项中的属性值是否已有选中的--

          for (var i = 0; i < this.parentNode.children.length; i++) {
              !--将列表项中所有 a 元素的前景颜色还原--
              this.parentNode.children[i].style.color = '';
          }

          this.style.color = '#28a5c4';!--设置当前单击的商品 a 的前景颜色--
          a.href = "javascript:;";
          a.innerHTML = "x";

          mark.innerHTML = this.innerHTML;
          mark.appendChild(a);!--将 a 元素附加到 mark 对象的子元素列表的后面--
          mark.pid = pid;!--mark 的 pid 索引和列表项 li 的索引绑定--
          !--判断每类属性中是否有属性值被选中了--
          for(var i = 0 ; i < arr.length; i++){
              !--判断当前对象的 li 父元素的索引是否和存放选中属性值的数组中某个元素的索引相等，如
                  果相等，将标识变量的值设置为数组下标--
              if(arr[i].pid == pid){
                  isReplace = i;
              }
          }
          !--如果没有选择某一列表项中的属性值，则将创建的 div 元素添加到数组中，否则用创建的 div 替换
              对应的数组元素。注意：这里必须使用 "===" 符号，不能使用===--
          if(isReplace === false){
              arr.push(mark);
          } else {
              arr[isReplace] = mark;
          }
```

```
        arr.sort(function(mark1,mark2){!--按mark索引值从小到大的方式排序--
            return mark1.pid - mark2.pid;
        });
        choose.innerHTML = "你选择的是:";!--重置第一行显示区域中的div元素内容--
         !--将存放在数组arr中的所有元素依次附加到第一行显示区域中的div元素的子元素列表后面--
        for(var i = 0; i < arr.length; i++){
            !--将遍历到的每个数组元素附加到choose对象的子元素列表后面--
            choose.appendChild(arr[i]);
        }

        a.onclick = function (){!--删除所选商品--
            arr.splice(mark.pid, 1);!--删除下标等于mark对象pid属性值的数组元素--
            choose.removeChild(mark);!--从choose对象中删除mark子对象--
            !--遍历对应删除的mark对象的li对象的所有子节点--
            for (var i = 0; i < lis[mark.pid].children.length; i++) {
                !--将对应删除的mark对象的li对象的每个子节点前景颜色全部还原--
                lis[mark.pid].children[i].style.color = '';
            }
        };
    };
  }
};
```

# 实训 13   参考代码

## 1. HTML 代码

```
<!doctype html>
<html>
<head>
<meta charset="utf-8">
<title>使用HTML5+CSS+JavaScript创建企业级网站</title>
<link rel="stylesheet" type="text/css" href="css/index.css"/>
<script src="js/index.js" type="text/javascript"></script>
</head>

<body>
   <header>
      <div id="Logo"></div>
      <nav id="nav">
       <ul>
        <li>
         <a href="#">学校概况</a>
         <nav class="subNav">
          <a href="#">学院简介</a>
          <a href="#">组织机构</a>
```

```
        <a href="#">校园地图</a>
        <a href="#">华软视频</a>
      </nav>
    </li>
    <li>
      <a href="#">党的建设</a>
      <nav class="subNav">
        <a href="#">党建之窗</a>
        <a href="#">强国之路</a>
      </nav>
    </li>
    <li>
      <a href="#">招生就业</a>
      <nav class="subNav">
        <a href="#">本科招生</a>
        <a href="#">国际教育</a>
        <a href="#">招生咨询</a>
        <a href="#">就业指导</a>
      </nav>
    </li>
    <li>
      <a href="#">人才培养</a>
      <nav class="subNav">
        <a href="#">学生工作</a>
        <a href="#">合作办学</a>
        <a href="#">服务外包</a>
        <a href="#">学科竞赛</a>
        <a href="#">优秀学子</a>
        <a href="#">学生作品</a>
      </nav>
    </li>
    <li>
      <a href="#">校园文化</a>
      <nav class="subNav">
        <a href="#">共青团</a>
        <a href="#">学生社团</a>
        <a href="#">校友会</a>
        <a href="#">校友回味坊</a>
      </nav>
    </li>
    <li>
      <a href="#">队伍建设</a>
      <nav class="subNav">
        <a href="#">人才招聘</a>
        <a href="#">师资力量</a>
```

```
              <a href="#">名师风采</a>
          </nav>
      </li>
      <li>
          <a href="#">创业学院</a>
      </li>
      <li>
          <a href="#">图书馆</a>
      </li>
      <li>
          <a href="#">信息公开</a>
          <nav class="subNav">
              <a href="#">采购信息</a>
              <a href="#">校园公示</a>
              <a href="#">依法治校</a>
          </nav>
      </li>
    </ul>
  </nav>
  <div id="banner">
      <img src=""/>
      <ul>
          <li></li>
          <li></li>
          <li></li>
      </ul>
  </div>
</header>
<section class="main"><!--主体包括左侧边栏和主体内容-->
  <section class="fst">
      <h3>华软要闻/News</h3>
      <div class="more"><a href="" target="blank">更多</a></div>
      <section class="left">
          <div class="photo"><img src="images/gouqing.jpg"/></div>
          <div class="txt"><h4>【中央电视台·新闻联播】华软学院梁冠军董事长登上天安门城楼观
看70周年国庆阅兵仪式（图文）</h4>
              <p>
中央电视台·新闻联播讯 10 月 1 日上午，庆祝中华人民共和国成立 70 周年大会在北京天安门广场隆重举行。中
共中央总书记、国家主席、…… [2019-10-02]</p>
          </div>
      </section>
      <section class="right">
        <ul>
            <li>
              <a href="" target="_blank">国字号！华软学院被科技部拟确定为国家备案众创空间
</a>
            </li>
            <li>
```

```
                <a href="" target="_blank">迟云平常务副院长就广东省政府工作报告接受媒体采访
</a>
                </li>
                <li>
                <a href="" target="_blank">华软学院"智能用电小助手"荣获人民网内容科技创新
创业大赛"行业应用奖"</a>
                </li>
                <li>
                <a href="" target="_blank">【媒体聚焦】华软承办粤高校毕业生供需见面活动受媒
体关注</a>
                </li>
            </ul>
        </section>
    </section>
    <section class="snd">
        <section class="news">
        <div class="title"><h3>华 软 快 讯 </h3><a href="" target="_blank"> 更 多
</a></div>
            <ul>
                <li class="strong">
                <a href="" target="_blank">华软学院学工队伍在广东省高校辅导员优秀工作成果评
选中喜获四个奖项</a>
                <br><span>据《广东省教育厅关于公布"2017、2018 年度广东高校辅导员优秀工作成果"
评选结果的通知》（粤教思函〔2018〕95 号），我院选送的作品……[2019-11-30]</span>
                </li>
                <li>
                <a href="" target="_blank">华软教工在体育运动中喜迎新春!（图文）</a>
                <span class="time">[2020-01-11]</span>
                </li>
                <li>
                <a href="" target="_blank">活力湾区，艺脉相连! 华软学院在第二届粤港澳大湾区
大学生艺术节获奖（图文）</a>
                <span class="time">[2019-12-30]</span>
                </li>
                <li>
                <a href="" target="_blank">课程思政再发力 读懂"中国之治"（图文）</a>
                <span class="time">[2019-12-30]</span>
                </li>
            </ul>
        </section>
        <section class="aside">
            <div class="top">
                <div class="left"><img src="images/jisai.png"/><br><span>学科竞赛
</span></div>        <div class="right"><img src="images/xsjs.jpg"/></div>
            </div>
            <ul>
                <li>
                <a href="" target="_blank">李尚鹏同学获首届广东校园摄影大赛二等奖</a>
                <span class="time">[2019-10-23]</span>
```

```
            </li>
            <li>
            <a href="" target="_blank">华软学子实现 CATTI 翻译证书零的突破(图文)</a>
             <span class="time">[2019-09-09]</span>
            </li>
            <li>
            <a href="" target="_blank">华软学子丢出"双王炸" 斩获全国大学生智能汽车</a>
             <span class="time">[2019-08-30]</span>
            </li>
          </ul>
        </section>
      </section>
      <section class="thr">
        <section class="news">
          <div class="title"><h3>媒体华软</h3><a href="" target="_blank">更多
</a></div>
          <ul>
            <li class="strong">
             <a href="" target="_blank">【人民日报·海外版】华软学院梁冠军董事长率海外华
侨华人战"疫"</a>
               <br><span>编者按 新型冠状病毒感染的肺炎疫情形势严峻，美国美东华人社团联合总会主
席、全美华裔总商会主席、广州大学华软软件学院董事长梁冠军 2020……[2020-02-05]</span>
            </li>
            <li>
             <a href="" target="_blank">华软教工在体育运动中喜迎新春！（图文）</a>
              <span class="time">[2020-01-11]</span>
            </li>
            <li>
             <a href="" target="_blank">活力湾区，艺脉相连！华软学院在第二届粤港澳大湾区
大学生艺术节获奖（图文）</a>
               <span class="time">[2019-12-30]</span>
            </li>
            <li>
             <a href="" target="_blank">课程思政再发力 读懂"中国之治"（图文）</a>
              <span class="time">[2019-12-30]</span>
            </li>
          </ul>
        </section>
        <section class="aside">
          <div class="top">
            <div class="left"><img src="images/yugao.png"/><br><span>讲座预告
</span></div>        <div class="right"><img src="images/zhangzhuo.jpg"/></div>
          </div>
          <ul>
            <li>
             <a href="" target="_blank">古腾堡与丢勒之间的非蝴蝶效应</a>
              <span class="time">[2019-12-02]</span>
            </li>
            <li>
```

```
            <a href="" target="_blank">Rhino 虚拟辅助表现设计</a>
             <span class="time">[2019-12-02]</span>
          </li>
          <li>
           <a href="" target="_blank">大学生知识产权意识、保护与应用</a>
           <span class="time">[2019-11-27]</span>
          </li>
        </ul>
      </section>
    </section>
  </section>
  <footer>
      <p>地址：广东省广州市从化区经济开发区高技术产业园广从南路 548 号 ｜ 电话：020－87818918 传真：
87818020 邮编：510990 ｜ 网站公安备案编号：4401840100050 <a href="" target="_blank">粤 ICP 备：
05085382 号</a></p>
  </footer>
</body>
</html>
```

## 2. index.css 代码

```
body{
    margin:0;
    text-align:center;
    font:normal 14px 'Arial';
}
ul{!--设置页面中所有的 ul 的公共样式--
    list-style:none;
    text-align:left;
    margin:0;!--ul 默认存在 14px 的上、下外边距--
    padding:0;
}
a{!--设置页面中所有的 a 的公共样式--
    text-decoration:none;
    color:#000;
}
!--设置头部样式--
header{
    background:#F5F8F8;
}
!--设置 Logo 样式--
#Logo{
    height:55px;
    width:408px;
    background:url(../images/Logo.png);
    margin-bottom:10px;
}

!--设置导航条样式--
#nav{
    height:30px;
```

```css
    padding:10px;
}
#nav ul{
    width:950px;
    height:30px;
    padding:0 0 0 75px;
    margin:0 auto;
}
#nav ul li{
    position:relative;
    float:left;!--浮动使 li 具有行内块级元素的绝大部分特点，使同一行中可以显示多个 li 元素--
    height:30px;
    line-height:30px;
    padding:0 20px;
    overflow:hidden;
}
#nav ul li a{
    font-weight:bold;
    float:left;!--使 a 具有行内块级元素的一些特点，从而可以设置宽度--
}
.subNav{
    position:absolute;
    width:200px;
    top:30px;
    left:0;
    padding:5px;
    background:#6CC;
}
#nav ul li .subNav a{
    float:left;
    padding:0 12px;
    width:70px;
    font-weight:normal;
}
#nav ul li .subNav a:hover{
    color:#f00;
    background:#F5F8F8;
}
!--设置 banner 样式*/
img{
    width:100%;
    height:300px;
}
#banner ul{
    margin-top:10px;!--使圆点和图片之间存在一定距离--
    text-align:center;!--使圆点水平居中--
}
#banner ul li{
    width:9px;
    height:9px;
    cursor: pointer;
```

```
        border-radius:7px;
        margin-left:10px;
        display:inline-block;!--修改元素类型后，列表项前导符自动取消了--
        background:#F00;
        border:1px #FF0000 solid;
}
#banner ul li.active {
        background: #fff;
}

!--主体内容样式--
.main{
        width:1060px;
        margin:0 auto;
}
!--主体内容中的"更多"超链接公共样式--
.more{!--设置"更多"链接所在盒子样式--
        text-align:right;
        padding:10px;
}
.more a{!--设置"更多"链接样式--
        color:#666;
}
!--设置第一块主体内容样式--
.fst{
        width:100%;
        height:260px;
}
.fst h3{
        color:#900;
        text-align:left;
        padding-bottom:5px;
        border-bottom:3px solid #900;
        margin-bottom:0;
}

.left{!--设置华软要闻的图文内容所在盒子的样式--
        float:left;
        width:620px;
}
.photo{!--设置华软要闻的图片所在盒子向左浮动--
        float:left;
}
.photo img{!--设置华软要闻的图片的宽度和高度--
        width:300px;
        height:180px;
}
.txt{!--设置华软要闻中文本链接所在盒子的样式--
        float:left;
```

```
    width:290px;
    margin-left:10px;
}
h4{!--设置图文内容中的标题--
    text-align:left;
    line-height:26px;
    color:#900;
    margin-bottom:0;
    margin-top:10px;
}
.txt p{!--设置图文内容中的内容样式--
    margin-top:0;
    text-indent:24px;
    text-align:left;
    line-height:26px;
    font-size:12px;
    color:#999;
}
.right{!--设置华软要闻中右边的文本链接所在盒子的样式--
    float:right;
    width:410px;
    text-align:left;
}
.right li{
    padding:10px;
    border-bottom:1px dotted #CCC;
}
!--设置第二、三块主体内容和第二块内容的高度--
.snd,.thr{
    height:300px;
}
!--下面三个选择器设置的样式为第二、三块主体内容中对应的title盒子及其中所有子盒子的样式--
.title{
    height:50px;
    line-height:50px;
}
.title h3{
    float:left;
    margin:0;
    color:#900;
}
.title a{
    float:right;
    margin-right:10px;
    color:#666;
}
!--第二、三块主体内容左、右两端的背景颜色和上边框的样式完全一样--
.news,.aside{
    background:#eee;
    border-top:3px #900 solid;
```

```
    }
    .news{
        float:left;
        width:610px;
        background:#eee;
        padding:0 10px;
        border-top:3px #930 solid;
    }
    .news li{
        padding:10px;
    }
    .strong{
        margin-bottom:20px;
        border-bottom:1px dotted #CCC;
    }
    .strong span{
        display:block;
        line-height:22px;
        font-size:12px;
        color:#666;
        text-indent:24px;
        margin:10px;
    }
    .time{
        float:right;
        color:#666;
    }
    .aside{
        float:right;
        width:420px;
        height:290px;
    }
    .top{
        height:110px;
        width:419px;
        border-bottom:1px solid #CCC;
        border-top:1px solid #900;
    }
    .top .left{
        float:left;
        height:100px;
        width:70px;
        padding:0 15px;
    }
    .top .left img{
        width:40px;
        height:60px;
    }
    .top .left span{
        display:block;
        margin-top:10px;
    }
    }
```